쉽게 배우는
멜섹(MELSEC) FX 기반
PLC제어 실습

김진우, 이창민, 김경신 공저

光文閣
www.kwangmoonkag.co.kr

머리말

21세기 시작과 더불어 시작된 4차 산업혁명이라는 거대한 물결은 국가의 미래를 좌우할 수 있는 위기이자 기회로 자리를 잡아가고 있다.

더불어 수많은 제조업체는 날로 치열해지는 시장 경제 환경에서 살아남기 위해 제품 생산성과 품질 최적화를 구현하기 위한 각고의 노력을 경주하고 있다.

아울러 다양한 소비자들의 요구에 부응하기 위하여 다품종 소량 생산을 위한 제품 제조 시스템을 재빠르게 변모와 발전을 시키며 구축하고 있다. 그리고 이를 위하여 현장에서 사용되는 기계설비들은 스마트 공장이라는 첨단 자동화 기술이 필수 조건으로 요구되고 있는 것이 현실이다.

아울러 첨단 기술이 융·복합된 스마트 공장의 구현과 운용을 위해서는 다양한 자동화 제어 기술들이 요구되고 있지만, 그중에서도 자동화 제어 기술의 핵심은 PLC를 기반으로 하는 제어 기술이라 할 수 있다. 이러한 4차 산업 혁명의 핵심 중에 하나인 스마트 공장을 위한 PLC 기반의 자동화 제어 기술이 급속하게 발전함에 따라 모든 산업 분야에 종사하는 기술자들은 갈수록 PLC 기반 프로그램과 유지보수 그리고 활용 능력이 필수적인 요소 기술로 자리를 잡아가고 있다.

그러나 필수적인 기술임에도 불구하고 PLC 기반 제어 기술은 산업체의 적용 범위가 워낙 광범위하고 응용 사례도 다양하기 때문에 최적의 경로를 선택하여 체계적인 학습을 진행하기는 매우 쉽지 않은 것이 현실이며, 실질적인 PLC 기반 제어 기술의 기술 습득과 축적은 여러 해 동안 현장에서 좌충우돌하며 직접 쌓은 경험과 직장 선후배, 동료로부터의 도움으로 이루어지고 있는 것도 사실이다.

저자들이 PLC 기반 제어 기술에 입문하던 당시에 비하면 PLC 기반 제어 기술은 비약적인 발전이 있었으며, 급속한 PLC 제어 기술의 발전과 현장의 지속적인 변화로 인하여 갓 입문하는 초보자가 PLC 기반 제어 기술을 배우는 환경은 오히려 힘들어지고 있다.

따라서 저자들은 PLC 기반 제어 기술을 배우고자 하는 재직자와 학생들에게 작은 도움이라도 주기 위하여 최대한 노력을 하였으며, 국내에서 가장 널리 사용하는 미쓰비시 멜섹 PLC 시리즈 중에서 FX 시리즈를 이용한 일체형 PLC의 구성 내용과 PLC 기반 프로그램 작성 및 활용에 대해 다루었다.

아쉽게도 멜섹 PLC FX 시리즈가 가지고 있는 다양한 기능에 대해 모두 설명하지는 못했지만, PLC 기반 제어 기술 입문에 필요로 하는 PLC의 기능과 기본적인 PLC 프로그램 작성법에 대해서는 학습할 수 있을 것으로 생각한다.

그리고 이번 저서가 현장 실무에 접근할 수 있는 다양하고 좋은 내용이 될 수 있도록 노력하였으나 미흡함이 많을 것으로 생각된다. 앞으로도 계속해서 기술이 발전하는 추세에 발맞추어 이른 시일 내에 보다 전문성이 포함되는 내용으로 수정 보완이 이뤄지도록 노력할 것을 약속한다.

선배 기술자들의 피와 땀으로 선진국 반열에 들어선 우리나라의 미래를 지속적으로 견인할 산업체 재직자들과 학생들에게 조금이나마 도움이 되길 기대한다.

끝으로 이 책을 저술하는 데 항상 많은 도움과 격려를 해 준 예담, 예준, 선영, 민욱에게 고맙다는 말을 전하며, 동료 교수와 이 책의 출간에 많은 노력을 아끼지 않은 광문각출판사에 감사를 드린다.

2024. 07. 26
저자 일동

목차

이론 도입

5. 프로그램 작성

실습하기

6. 기본 명령어 활용 실습

7. Demonstration Unit

8. 그래픽 패널 활용 운전 실습

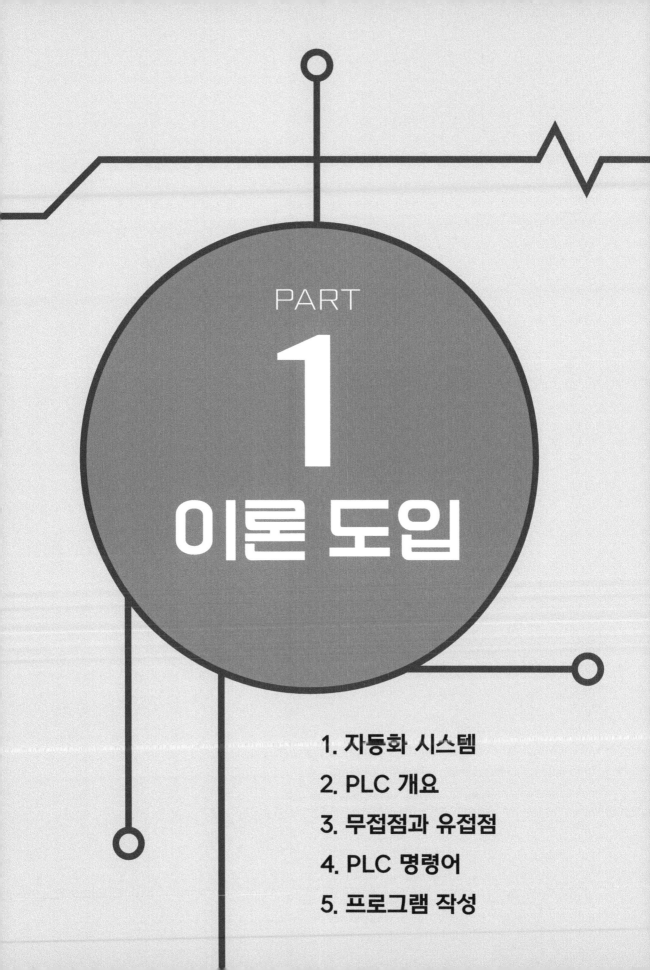

PART

1
이론 도입

1장 자동화 시스템

본격적인 자동화에 대해서 설명하기에 앞서 여러 가지 필요한 기본 개념에 대해서 설명한다.

1. 기본 개념

우리는 자동화라는 단어를 자주 접하고 있다. 여기에서 자동화의 automation이라는 용어는 "스스로 작동하는 것(acting of itself)"이라는 그리스어에 어원을 둔 automatic과 동작이라는 뜻의 operation이 결합된 합성어이다.

그리고 다양한 입력 요소로부터 전해지는 신호를 미리 입력된 프로그램에 의해 판단된 결과를 출력 요소로 보냄으로써 사람을 대신하여 기계가 작업의 일부 또는 전부를 수행한다는 의미를 가지고 있다.

이러한 자동화를 위해서는 자동화의 주요 3요소인 입력부(센서 또는 입력기기), 제어부(프로세서: 여기서는 PLC), 출력부(엑추에이터: 모터, 실린더, 솔레노이드 밸브 등)에 대해서 학습할 필요가 있다. 이러한 3대 요소에다 최근에는 소프트웨어 기술과 네트워크 기술을 합쳐서 [그림 1-1]과 같이 자동화의 5대 요소라고 한다. 그러나 실제로 자동화된 기계 장치를 구성하기 위해서는 기계 구조물, 동력 공급 장치를 갖추어야 한다.

[그림 1-1] 자동화의 5대 요소

따라서 사동화의 개념은 시스템 전체에 대한 총체적인 이해가 포함된 기계 기술에 상호 연계 및 필요 기능을 추가하기 위한 센서 및 엑추에이터을 제어하기 위한 프로세서의 인터페이스 기술에 지능(intelligence)이 합쳐진 것이다.

2. 시스템 분류 기준

1) 제어 시스템의 구성

제어 시스템을 구성하고 있는 요소들은 제어용 매체가 공압, 유압, 전기, 전자 등의 종류에 따라 다른 것일 수 있지만 제어 신호가 입력되면 신호 처리 과정을 거쳐 최종 출력 신호로 변환되는 제어계의 구성은 어떠한 제어 매체에서든지 [그림 1-2]와 같이 모두 입력부, 제어부, 출력부로 되어 있다.

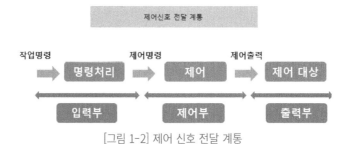
[그림 1-2] 제어 신호 전달 계통

그러므로 한 가지 형태의 에너지 신호를 신호 변환기를 사용하여 또 다른 에너지 신호 형태로 변환하는 것이 용이하며, 하나의 제어계에서 여러 형태의 에너지를 사용할 수 있으므로 제어계는 경제적, 기술적인 면에서 최적의 설계가 가능해진다.

(1) 제어 정보 표시 형태에 의한 분류

제어 시스템을 신호 처리 방식에 따라 분류하면 [그림 1-3]과 같다.

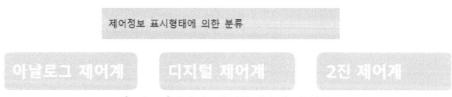
[그림 1-3] 제어 정보에 의한 제어 시스템 분류

① **아날로그 제어계**

연속적인 물리량으로 표시되고 처리되는 시스템을 말하는데 일반적으로 자연계에 속하는 모든 물리량은 연속적인 정보를 갖고 있다. 예를 들면 온도, 속도, 길이, 질량 등이 그것이다. 이들은 제어되는 연속적인 모든 시간에서 그 크기가 연속적이다.

② **디지털 제어계**

처리하기 어려운 아날로그 제어를 시간과 정보의 크기 면에서 모두 불연속적으로 표현한 제어 시스템으로 보다 경제적이며 최근에 전자공학의 발달에 힘입어 많은 부분에서 디지털 제어를 채택하고 있다. 즉 이 시스템은 정보의 범위를 여러 단계로 등분하여 이 각각의 단계에 하나의 값을 부여한 디지털 제어 신호에 의하여 제어되는 시스템을 말한다.

③ **2진 제어계**

하나의 제어 변수에 2가지의 가능한 값, 신호의 유무, On/Off, High/Low, 1/0 등과 같은 2진 신호를 이용하여 제어하는 시스템을 의미하며 실린더의 전진과 후진, 모터의 정회전과 역회전 또는 기동과 정지 등의 의해 작업을 수행하는 자동화 시스템에서 가장 많이 이용되는 시스템이다.

(2) 신호 처리 방식에 의한 분류

제어 시스템을 신호 처리 방식에 따라 분류하면 [그림 1-4]와 같다.

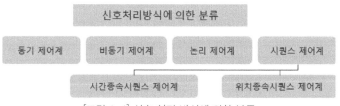

[그림 1-4] 신호 처리 방식에 의한 분류

① **동기 제어계**(Synchronous Control System)

실제의 시간과 관계된 신호에 의하여 제어가 이루어지는 것을 의미한다.

② **비동기 제어계**(Asynchronous Control System)

시간과는 관계없이 입력 신호의 변화에 의해서만 제어가 이루어지는 것을 의미한다.

③ **논리 제어계**(Logic Control System)

요구되는 입력 조건이 만족되면 그에 상응하는 출력 신호가 출력되는 시스템이다. 이러한 논리 제어 시스템은 메모리 기능이 없으며 이의 해결에는 부울 논리 방정식이 이용된다.

④ **시퀀스 제어계**(Sequence Control System)

이 제어 시스템은 제어 프로그램에 의해 미리 결정된 순서대로 제어 신호가 출력되어 순차적인 제어를 행하는 것을 의미한다. 한편, 이것은 시간 종속과 위치 종속 시퀀스 제어계로 구분된다.

ㄱ **시간 종속 시퀀스 제어계**(Time Sequence Control System)

순차적인 제어가 시간의 변화에 따라서 행해지는 제어 시스템을 의미한다. 즉 프로그램 벨트나 캠축을 모터로 회전시켜 일정한 시간이 경과되면 다음 작업이 진행될 수 있도록 하는 것으로 전 단계의 작업 완료 여부와 관계없이 다음 단계의 작업이 진행될 수 있다.

ㄴ **위치 종속 시퀀스 제어계**(Process Dependent Sequence Control System)

순차적인 작업이 전 단계의 작업 완료 여부를 확인하여 수행하는 제어 시스템이다. 즉 전 단계의 작업 완료 여부를 리밋 스위치나 센서 등을 이용하여 확인한 후 다음 단계의 작업을 수행하는 것으로 일반적으로 시퀀스 제어 시스템을 의미하는 것이다.

(3) 제어계의 구성

제어 장치 또는 제어 시스템의 입출력 관계를 간단히 표기하면 [그림 1-5]와 같다.

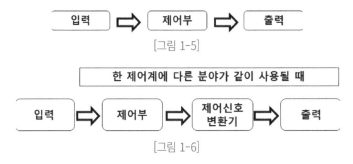

[그림 1-5]

[그림 1-6]

이러한 원리는 전기, 전자, 공압, 유압 등의 여러 분야에서 공통적으로 응용되고 있다. 그리고 [그림 1-6]과 같이 전기 → 공압, 전기 → 유압처럼 한 제어계에 다른 분야가 같이 사용될 때에는 제어 시스템을 [그림 1-7]과 같이 좀 더 세분하게 된다.

[그림 1-7] 제어계의 구성 예

구분	입력부	제어부	신호변환기	출력부
전기	수동 조작 스위치 리밋 스위치 포토 센서 유도형 근접 센서 정전 용량형 센서	릴레이 전자 개폐기	솔레노이드 밸브	전기모터 리니어모터
공압	수동 조작 밸브 리밋 밸브 공압 반향 센서 공기 베리어 센서 배압 센서	방향 제어 밸브 논-리턴 밸브	공압 압력 증폭기 공압→전기 신호 변환기	실린더 공압모터

[표 1-1] 제어계의 구성

제어 신호 변환기는 인터페이스 또는 신호 변환기라 한다. 이 신호 변환기의 목적은 입력되는 한 매체의 신호를 다른 매체의 제어 신호로 변환시켜서 출력하기 위한 것이다. [표 1-1] 은 전기와 공압 분야에서 제어에 이용되는 장치를 나타내고 있다.

2) 제어의 종류

자동 제어의 현상은 세상에 존재하는 모든 분야에서 우리가 의식하던 못하던 폐회로 제어가 이루어지고 있는 현상이다. 인체의 구조를 예를 들면, 사람의 눈동자에 조리개가 빛이 강할 때는 줄어들고 빛이 약해지면 확장되는 현상이 자동 제어에 해당된다.

제어는 "시스템 내의 하나 또는 여러 개의 입력 변수가 약속된 법칙에 의하여 출력 변수에 영향을 미치는 공정"으로 정의되고 있으며 개회로 제어 시스템(open loop control system)의 특징을 갖는다.

예를 들면 [그림 1-8]과 같이 전열기를 사용하고자 하는 경우 스위치를 ON/OFF 함으로써 이루어지는데, 이와 같이 어떤 대상물이 현재의 상태를 그 사람이 원하는 상태로 조정하는 것을 제어라고 한다. 이것은 전열기의 발열량에 관계없이 사람의 판단에 의해서 스위치를 ON/OFF 하는 것을 정성적인 제어 명령이라고 하고 이런 제어를 정성적 제어(Qualitative Control)라고 한다. [그림 1-9]와 같이 전기로의 온도 제어에서는 온도의 낮고 높음, 즉 크기 및 양을 조절하고자 할 경우 공급 전압에 의해서 온도를 조절하게 되는데 전압 조정기에 의해서 가해 주는 전압을 정량적 제어(Quantitative)라 한다.

AC 220V

스위치 ON/OFF
[그림 1-8] 전열기 제어

AC 220V

전압 조정기
[그림 1-9] 전기로 제어

(1) 자동 제어

제어가 정성적 또는 정량적 제어를 막론하고 사람의 판단이나 조작에 의해서 이루어지지 않고 기계나 감지 장치에 의해서 이루어지는 것을 자동 제어라고 한다. 자동 제어의 종류에는 분류 방법에 따라 여러 가지로 구분할 수 있으나 일반적으로 [그림 1-10]과 같이 구분한다.

[그림 1-10] 자동 제어 구분

① 시퀀스 제어(sequence control)

시퀀스 제어란 [그림 1-11]과 같이 미리 정해진 순서에 따라 제어 동작이 차례로 정해지는 제어로써 시퀀스 제어계는 출력이 입력에 영향을 주지 못하므로 열린 루프 제어(open loop control)라 한다.

[그림 1-11] 시퀀스 제어의 신호 전달 계통

② 되먹임 제어(feedback Control)

되먹임 제어계에서는 제어량이 전기로 안의 온도에서 얻은 신호를 목푯값이 있는 곳으로 되돌아오게 하여 비교함으로써 제어한다. [그림 1-12]와 같이 출력 신호를 입력 쪽으로 되돌아오게 하는 것으로 목푯값에 따라 자동적으로 제어하는 것을 말한다.

이러한 제어계는 주로 양에 관한 것을 제어함으로 정량적 제어에 속하며 되먹임을 하기 위하여 제어계가 닫힌 루프를 구성함으로 되먹임 제어(feedback Control)라고 한하며 [그림1-13]과 같이 되먹임 제어의 신호 전달 계통을 예로 구성된다.

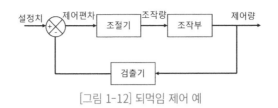

[그림 1-12] 되먹임 제어 예

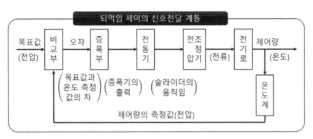

[그림 1-13] 되먹임 제어의 신호 전달 계통

3) 자동 제어의 필요성

　일반적으로 사람이 가지는 작업 능력을 매우 우수하다고 할 수 있다. 간단한 수작업이라도 그것과 동일한 작업을 기계로 실행하려면 때때로 매우 높은 수준의 복잡한 장치가 필요하기도 하고 혹은 불가능할 때도 있다. 또한, 사람은 어느 정도 돌발적인 사태에 대해서 적절한 판단을 내릴 수가 있고, 새로운 작업에 대해서도 비교적 신속히 작업에 익숙해질 수가 있으며, 어떠한 정밀기계를 이용해도 도저히 흉내 낼 수 없는 고도의 능력을 가지고 있다.

　그러나 반면에 사람이 기계에 도저히 미치지 못하는 점도 있다. 단조로운 작업을 장시간 연속적으로 작업할 수 있는 능력과 많은 힘이 소요되는 작업에 대해서는 기계에 훨씬 미치지 못한다. 따라서 사람이 하기 힘든 작업을 기계화와 자동화를 함으로써 사람이 하는 것보다 정확하게 계속적으로 작업을 할 수 있다.

　결국 사람 대신 자동 제어계로 대행시키면 제어의 정확도와 정밀도를 높일 수 있다. 이것을 생산 공정이나 기계 장치 등에 이용하면 다음과 같은 이점이 있다.

　(1) 제품의 생산 속도를 증가시킨다.

　(2) 제품의 품질이 향상되고 제품의 균일화로 인해 불량품이 감소된다.

　(3) 수동 조작을 위한 작업자가 필요 없으므로 인건비가 절감된다.

　(4) 생산설비에 일정한 조작을 가하므로 설비의 수명이 길어진다.

　(5) 중노동의 작업을 자동화함으로써 노동 조건이 향상된다.

1) 단독 시스템

[그림 1-14]와 같이 제어 대상물이 기계와 PLC가 1 대 1인 관계에 있는 시스템이다. 이 시스템은 일반적으로 가장 널리 사용되는 형태이며 종래의 시퀀스 제어 장치에서 릴레이 대신에 PLC를 사용한 경우에 해당된다.

[그림 1-14] 단독 시스템

(1) 집중 시스템

제어 대상물인 기계가 [그림 1-15] , [그림 1-16]과와 같이 여러 대가 있을 경우 한 대의 PLC로 제어하는 시스템이다. 비교적 소규모 시스템에서 일부의 기계가 먼 곳에 있는 경우는 [그림 1-15]와 같이 범용 다중 전송 장치와 조합하여 사용할 수 있으며, 제어 대상의 기계가 각 방면에 분산되어 있는 경우는 전선을 절약하는 의미에서 [그림 1-16]과 같이 리모트 I/O 기능을 가진 PLC 제어 시스템을 구성하는 것이 좋다.

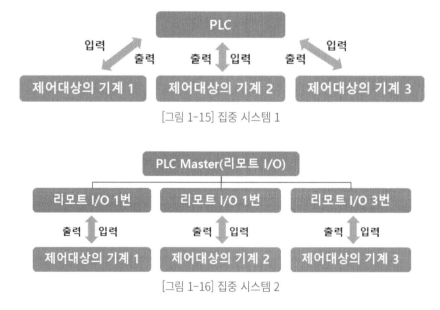

[그림 1-15] 집중 시스템 1

[그림 1-16] 집중 시스템 2

또 일반적으로 전송 기능을 가진 PLC를 선정할 때는 전송 시간, PLC의 처리 속도, 입출력의 응답 시간 등 제어에 필요한 전 작동 시간과 제어 대상의 기계가 동작하는 시간이 조화를 이루도록 검토할 필요가 있다.

(2) 분산 시스템

[그림 1-17]과 같이 분산화된 각각의 제어 대상에 대해 PLC가 각각의 제어를 담당하고, 또한 상호 관련되는 연계 동작에 필요한 제어 신호(인터록 신호, 피드백 신호, 수치 데이터 등)에 대해서 PLC 간 신호를 송수신하는 제어 시스템이다.

이 시스템은 각각의 제어 대상에 대응하는 개별 PLC이기 때문에 개별 운전으로 지장이 없는 제어 대상인 경우는 한 대가 정지하여도 다른 제어 대상은 단독 운전이 가능하며, 이 경우 집중 시스템보다 운전의 신뢰성은 높아진다.

PLC 간 신호 송수신 방식에는 [그림 1-17]과 같이 PLC의 입출력부를 사용하여 신호를 송수신한다. 이 방법은 PLC의 입출력부를 제어 신호의 송수신을 위해 사용하게 되므로 대규모 시스템에서는 비경제적이다. 비교적 정보량이 적은 시스템, 즉 인터록 정도를 목적으로 한 시스템에 많이 사용된다.

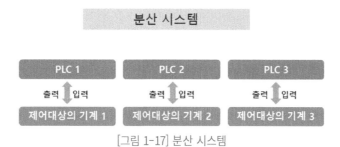

[그림 1-17] 분산 시스템

(3) 계층 시스템

[그림 1-18]과 같이 분산 제어 시스템으로 불리고 있으며 컴퓨터와 PLC 간을 결합하여 PLC가 갖고 있는 통신 기능을 이용하여 생산 정보의 종합 관리, 응용까지 행하는 총체적 제어 시스템이다.

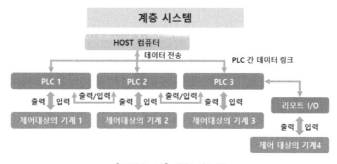

[그림 1-18] 계층 시스템

2장 PLC 개요

본격적인 자동화에 대해서 설명하기에 앞서 여러 가지 필요한 기본 개념에 대해서 설명한다.

1. PLC의 발전

기업들은 생산성 향상, 작업의 안정성, 품질의 향상, 원가 절감 및 인원 관리의 어려움을 극복하기 위해 공장 자동화를 위한 투자를 증가시키고 있다. 그리고 공장 자동화의 핵심 제어기에는 PLC가 있다.

PLC(Program Logic Controller)는 최초 기존 릴레이(Relay) 제어반을 대체하기 위한 단순 시퀀스 제어 장치로 시작하여 점차 고속화 및 고기능화로 인한 복잡한 응용 연산 기능의 첨부로 인하여 모든 산업 분야 전반에 걸쳐 활용되고 있으며 지속적인 성장을 하고 있다.

1) PLC의 태동

1980년대의 공장 자동화 초기의 자동화란 대부분이 단위 기계의 자동화가 주류를 이루었으나, 1990년대 이후의 자동화는 소규모 다품종 생산을 할 수 있는 주문에서 생산, 검사, 출하에 이르는 전 공정의 제어 및 관리를 의미한다.

(1) 초기 공장 자동화

자동화를 위한 초기 단계에서는 릴레이를 이용한 시퀀스 제어가 주로 사용되었다. 그러나 반도체 기술의 발달과 함께 반영구적으로 사용할 수 있는 무접점 회로(반도체 소자를 이용한 전자회로를 의미)가 사용되면서 유접점 회로(스위치, 릴레이 같은 접점의 ON/OFF에 의해서 작동하는 회로를 의미)는 비교적 단순하고 가격이 저렴한 장점을 가지고 있으나 수명에 한계가 있고 제어 환경의 변화에 따라 모든 시퀀스 회로를 다시 제작해야 하는 단점으로 인해 무접점 시퀀스가 이를 대신하게 되었다.

또한, 릴레이를 사용한 시퀀스 제어는 현장의 기계에 결선하여 동작을 확인하기 전에는 회로의 정상적인 동작 여부를 판단하기 어려우며, 이로 인해 현장 설치 작업 시 회로의 수정 작업이 많아져 작업의 효율성을 저해하였다.

(2) PLC의 출현 동기

소비자의 패턴 변화로 인한 다품종 소량 생산 및 생산 기술의 발달로 인해 생산 시스템의 변경이 빈번해짐에 따라 시스템의 시퀀스 회로가 변경되거나 시스템 전체의 시퀀스 회로의 변경이 이루어져야 하는 구조적인 결함으로 인해 1969년 GM(General Motor)의 자동차 조립 라인에 사용될 새로운 제어 기기를 제작하기 위하여 [표 2-1]과 같이 제어 기기가 갖추어야 할 10가지의 조건을 발표했으며, PLC의 출현 동기가 되었다.

항목	내 용
1	쉽게 프로그램 작성 및 변경이 용이하며, 현장 요원들도 쉽게 동작 시퀀스를 작성, 변경, 동작할 수 있을 것
2	점검 및 보수가 용이하고, 가능하면 플러그인(Plug-in) 방식을 기본으로 할 것
3	릴레이 제어반보다 신뢰성이 높을 것
4	릴레이 제어반보다 소형일 것
5	출력 장치는 중앙 제어 장치와 연결되어 있을 것
6	릴레이 제어반이나 무접점 제어반보다 가격 면에서 유리할 것
7	입력은 교류 115V를 표준으로 할 것
8	출력은 교류 115V, 2A를 공급할 수 있을 것
9	전체 시스템은 변경을 최소화하면서 확장이 가능할 것
10	Unit은 4K Word까지 확장이 가능한 프로그램 메모리를 가지고 있을 것

[표 2-1] GM의 산업용 제어 기기 장치에 대한 10가지 요구 조건

이와 같은 10가지 조건을 충족시키기 위해 마이크로프로세서(Micro Processor)를 기반으로 한 새로운 제어 기기가 미국의 알렌브렌드리(AB) 및 모디콘사에 의해 1969년부터 개발되어 1971년 현장에 최초로 사용되기 시작한 것이 PLC 시삭이라고 할 수 있다.

(3) PLC의 발전

1970년대 중반에 여러 개의 프로세서를 사용한 다중 제어가 가능한 PLC가 개발되었으며, 원격 입출력 모듈도 사용되었다.

1980년대에는 [표 2-2]와 같이 진 산업 분야의 제어 분야에 PLC가 사용이 일반화되었으며, 고기능 통신 장치의 개발로 상위 컴퓨터와의 통신을 통해 원격 모니터링 및 제어가 가능해졌다.

년도	내 용
1968	Programmable Controller의 개념 정리
1969	Hardware CPU, 1K 메모리, 128개의 I/O 점수에 논리연산 기능을 갖는 Controller 개발
1974	타이머, 카운터, 산술연산 기능과 12K의 메모리, 1024개의 I/O 점수를 갖고 여러 개의 Processor를 사용한 PLC 등장
1976	Remote I/O 모듈 발표
1977	Microprocessor를 CPU로 채택한 PLC 등장
1980	지능형(Intelligent)I/O 모듈과 고기능 통신장치 개발, 소프트웨어의 다양화, 프로그래밍 장치로서 개인용 PC 사용
1985	PLC, 컴퓨터, CNC, 로봇 등을 GM MAP에 기초하여 네트워크(networking), 분산형 계층 제어 시스템(distributed hierarchical control system)으로 발전
1987	국내 개발(외국 모델 기술 제휴)
1991	퍼지(fuzzy) 이론을 도입한 모듈 및 전용 제어기 등장
1992	국내 고유 모델 개발
1995	SFC(Sequential Function Chart) 프로그램 방식 및 통합 관리
2000	프로그램 개발 PLC의 중대형화(DCS급), Safety PLC 등장, C언어 전용 CPU 등장
2020	초고속 네트워크 통신 모듈 등장(GIGA), 4차 산업혁명 대응 초고기능 PLC 등장

[표 2-2] PLC 연도별 발전 과정

1980년대 중반부터는 PLC, 컴퓨터, CNC, ROBOT 등을 통합한 CIM(Computer Intergrate Manufacturing)의 개념으로 발전되어 2022년 현재는 작업의 지시나 작업 정보를 컴퓨터로 Giga 속도로 송수신 가능한 시스템으로 발전하였다.

이후 최근에는 안전과 관련된 Safety PLC와 4차 산업혁명에 대응하는 고신뢰성과 고기능을 겸비한 PLC가 계속 등장하고 있다.

2) PLC의 기술 발전 동향

PLC의 기술 발전 과정은 컴퓨터와 반도체 등으로 표현되는 IT 기술의 발전 속도와 함께해 왔으며 향후 PLC의 발전 방향을 분야별로 정리하자면 다음과 같다.

(1) 시퀀스적인 기능은 물론 수치 연산 기능, 데이터 처리 기능, 프로그램 제어 기능 등 고기능 특수 모듈의 개발이 지속적으로 추진되고 있다.

(2) 규모가 광범위해지고 있다.

(3) 처리 속도가 고속화되고 있다.

(4) 타 시스템과의 계층화가 용이한 링크 기능이 강화되고 있다.

(5) 소형화, 외관의 미려함이 가속화되고 있다.

(6) 보수 및 시스템의 확장이 더욱더 쉬워지고 있다.

(7) 4차 산업혁명에 대응하기 위한 Total FA 및 CIM에 대응하기 위해 PLC의 사용이 더욱더 일반화되고 있다.

3) PLC 특장점

PLC를 공부하기에 앞서 PLC의 정의와 특징을 알아야 할 필요가 있다.

(1) PLC의 정의와 장점

PLC의 학문적인 정의를 이해하면 PLC의 특징과 비교 장점 등에 대해서도 쉽게 이해할 수 있다. 먼저 미국의 NEMA(National Electrical Manufactures Assosiation)에서는 다음과 같이 PLC를 정의하고 있다.

"각종 기계나 프로세서 등의 제어를 위해 로직, 시퀀스, 타이머, 카운터 및 연산 기능 등을 내장하고 있으며 프로그램을 작성할 수 있는 메모리를 갖춘 제어 장치."

초기의 PLC는 단순한 순차 제어를 목적으로 개발되어 사용되었으나, 현대의 PLC는 순차 제어를 기본으로 아날로그 및 디지털 제어 기능 및 통신 기능을 포함하여 복합적인 제어 목적으로 사용하고 있다.

PLC는 종래의 릴레이 형태의 제어보다 가장 큰 장점은 릴레이는 반드시 전선을 이용하여 몇 가지 부품을 서로 연결해야 한다. 그러므로 시스템이 변경되거나 사양이 바뀌어지면 이러한 배선은 바뀌거나 변경되어야 한다. 최악의 경우에는 제어 패널을 완전히 바꾸어야 한다. 하지만 PLC는 종래의 릴레이 제어회로에 관련된 많은 결선 작업을 필요 없게 만들었다. 그리고 PLC는 똑같은 기능을 하는 릴레이로 만든 제어 시스템에 비해 크기도 작고 신뢰성이 있으며 전력 손실이 적고 확장성이 용이하다.

(2) PLC와 릴레이 제어 비교

시퀀스 제어 장치의 핵심은 시퀀스 제어 전체를 지배하는 컨트롤러 부분이다. 릴레이 시퀀스 제어 장치는 그 컨트롤러부를 릴레이로 구성한 것이다. 이에 대해 마이크로 프로세서를 중심으로 한 반도체와 메모리를 이용하여 프로그램 가능한 시퀀스 제어 장치를 만든 것이 PLC이다.

현재 시퀀스 제어에 있어서 PLC는 제어의 가장 중요한 요소이지만 제어 장치의 모든 것은 아니다. 예를 들면, 전기기계를 움직이는 모터를 회전시키거나 정지시키기 위해서는 전자 접촉기나 전자 개폐기가 일반적으로 사용되고 있다. 또 전자 접촉기와 동작 원리가 같은 릴레이는 시퀀스 제어 장치에 여전히 사용되고 있다.

[그림 2-1] 릴레이 제어반   [그림 2-2] PLC를 이용한 제어반

[그림 2-1]과 [그림 2-2]와 같이 PLC와 릴레이 제어반을 비교하여 보면 PLC는 컴퓨터 및 다른 기기 장치와 통신 등의 방법으로 인터페이스가 가능하나 릴레이 제어반은 독립된 제어 장치로 되어 있어 외부 기기와 인터페이스가 사실상 어려운 것이 사실이다. PLC는 모듈식으로 구성할 수 있으므로 보수 유지가 용이하나 릴레이 제어반은 일체형으로 보수 시 시간 및 비용이 크게 드는 등의 차이점이 있다.

기존의 시퀀스 제어에 사용된 릴레이 제어반의 문제점은
① 시퀀스를 작성하고 결선을 한 다음 실제로 기계를 동작시켜 보아야만 시퀀스의 동작 여부를 확인할 수 있으므로 현장에서의 변경 작업이 빈번하게 발생한다.
② 시스템의 구성, 배선 등은 특수 기능을 필요로 하기 때문에 전문가가 아니면 대응하기가 곤란하다. 따라서 생산 라인을 변경하기까지는 시퀀스 회로 설계, 결선도 작성, 제조, 검사, 시험, 현장 시운전 단계를 거쳐야 하므로 많은 시간이 소요된다.
③ 최근 자동화 시스템은 매우 복잡하다. 따라서 많은 수량의 릴레이로 구성하여야 하며, 유접점을 사용하므로 신뢰성의 저하로 인해 시스템의 고장 횟수도 많아지고 최악의 경우 시스템이 정지되는 사태가 발생하기도 한다.

④ 다품종 소량 생산에는 프로그램을 자주 변경해야 하고 때로는 제어 장치의 배선도 변경해야 하는데 그 작업이 간단치 않다.

이와 같은 문제점을 개선하기 위하여 오늘날의 대부분 산업체에서는 전기기기를 제어하기 위해서 대부분 PLC를 사용하고 있다. [표 2-3], [표 2-4]는 릴레이 제어반과 PLC의 장단점을 비교한 도표이다.

항목 방식		릴레이 제어		PLC 제어
1. 기능	▲	많은 릴레이를 사용하면 복잡한 제어가 가능하나 불가능한 제어도 있다.	◎	프로그램으로 어떤 복잡한 제어도 가능하다.
2. 제어 내용의 변경성	×	배선을 변경하는 방법 이외에는 없다.	◎	프로그램 변경만으로 가능하다.
3. 신뢰성	▲	장시간 사용 시 접촉 불량과 수명의 한계가 있다.	◎	반도체이기 때문에 고신뢰성이다.
4. 범용성	×	완성된 장치는 다른 곳에 사용할 수 없다.	◎	프로그램에 따라 어떤 제어에도 사용할 수 있다.
5. 장치의 확장성	▲	부품의 추가, 회로의 변경 등이 필요하며 많은 어려움이 있다.	◎	주어진 I/O 내에서는 확장할 수 있다.
6. 보수의 용이성	▲	정기 점검과 부품의 교환이 필요하다.	◎	점검이 용이하며 I/O 모듈의 교환으로 수리가 간편하다.
7. 기술적 난이도	◎	숙련된 현장 기술자가 많고 간단하고 알기 쉽다.	◎	컴퓨터의 사용 능력과 소프트웨어의 작성 능력이 필요하다.
8. 장치의 크기	▲	제어의 복잡도에 따라 크기가 커진다.	◎	제어의 복잡도에 관계없이 크기가 일정하다.
9. 설계 및 제작 기간	×	많은 도면과 많은 부품이 필요하고 조립 시험 등에 많은 시간이 소요된다.	◎	복잡한 제어라도 쉽게 제작할 수 있으며 조립 시험등을 쉽게 할 수 있다.
10. 경제성 (릴레이 개수 기준으로 환산)		10개 이하		10개 이상

× : 부적합 , ▲ : 문제점 , ◎ : 우수함

[표 2-3] 릴레이 제어와 PLC 제어의 비교

구분	PLC	릴레이 제어반
제어 방식	▶ 전용 프로그램에 의해 시퀀스 로직을 작성하는 방식	▶ 부품 간의 배선에 의해 시퀀스 논리가 결정되는 하드와이어 로직
제어 기능	▶ AND, OR, NOT 등 다양한 논리 로직 지원 ▶ 업다운 카운터 ▶ 시프트 레지스터 ▶ 산술, 논리 연산 ▶ 통신 기능 ▶ 고기능, 대형 시스템 제어를 소형으로 구현	▶ 릴레이 접점을 이용한 AND, OR만 가능 ▶ 단순 타이머 ▶ 단순한 리셋 기능의 카운터 ▶ 단순 기능, 시스템의 규모에 따라 제어반 대형화
제어 요소	▶ 무접점(고신뢰성, 긴 수명, 고속 제어 가능)	▶ 유접점(한정된 수명, 저속 제어)
제어 변경	▶ 프로그램 변경만으로 가능	▶ 모든 배선의 철거 및 재 결선
보전성	▶ 고신뢰성 유지, 보수가 용이함	▶ 보수 및 수리가 곤란
확장성	▶ 시스템의 확장이 용이함.	▶ 시스템의 확장이 곤란
크기	▶ 소형화	▶ 소형화 불가능

[표 2-4] 릴레이 제어와 PLC 제어의 제어 기능 비교

2. PLC 구조와 모듈

1) 구조

일반적으로 PLC는 마이크로 프로세서 및 메모리를 중심으로 구성되어 인간의 두뇌 역할을 하는 중앙 처리 장치부(Central Processing Unit), 외부 기기와 신호를 연결해 주는 입·출력부, 전원 공급부, 프로그램 장치 등으로 구성되어 있다.

PLC는 시스템을 구성하는 방식에 따라 고정식과 모듈식으로 구분된다. [그림 2-3]과 같이 고정식은 입·출력부, 중앙 처리 장치부, 전원 공급 장치부가 일체형으로 되어 있는 것으로 소형 PLC에 많이 사용된다. 이러한 일체형 PLC의 장점은 가격이 저렴하지만 입·출력부를 확장해서는 사용하기에는 다소 어려움이 따른다는 단점이 있다. 또한, 일부분의 고장 시에도 전체 PLC 유닛을 교체해야 하는 문제점을 가지고 있다.

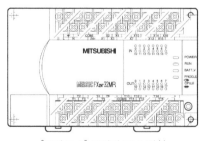

[그림 2-3] 고정식 PLC 외형

[그림 2-4]와 같이 모듈식 PLC는 사용자의 필요에 따라 입출력 점수의 조절이 가능하며 필요에 따라 특수 모듈의 취부가 가능하다. 모듈식 PLC의 기본 구조는 모듈을 장착하기 위한 베이스 모듈 또는 랙(Rack), 전원 공급기, 중앙 처리 장치(CPU) 모듈, 입출력 모듈로 구성된다.

[그림 2-4] 모듈식 PLC

고정식 PLC와 모듈식 PLC는 시스템의 구성에 있어서 차이가 있지만 동작 방식에 있어서는 동일한 방식으로 동작한다.

2) PLC의 구성과 선정

멜섹Q PLC는 기본적으로 전원 모듈, CPU 모듈, 입출력 모듈, 인텔리전트 기능 모듈로 구성되어 있다.

(1) CCU(Center Control Unit)

CCU는 PLC의 두뇌에 해당하며 모든 제어가 이루어지는 부분이다. PLC의 기능이라 함은 대부분 CPU의 기능을 말한다. 이 CCU의 구성은 다시 CPU, 메모리, 입출력 제어부, BUS, Interface 로 나누어 생각할 수 있다.

① CPU는 CCU를 직접 제어하는 부분으로 메모리의 프로그램에 따라서 입출력부의 데이터 교환 연산, 비교, 판정 등을 수행한다. 일반적으로 PLC에 사용되는 CPU는 Z-80, 8085, M6800 등의 8비트용과 16비트용이 있다.

② 메모리는 CCU 내에 내장되어 있으며 RAM과 ROM이 있다. RAM은 CCU에 명령을 내리기 위해서 작성된 User 프로그램이 기억되며 재수정 및 재기억이 가능한 것이다. Switch를 OFF 하여도 내장된 건전지에 의해, 전원 공급이 중단된 상태에서도 RAM에는 계속적으로 Back-up 하여 프로그램 내용을 보존토록 하고있다.

③ 입출력 제어부는 CCU에서 처리될, 또는 처리된 신호가 입출력되는 부분으로 입출력 신호를 기억시키는 일종의 메모리 형태인 Buffer로 구성되어 있고, Bus를 통하여 입력부와 출력부 가 연결되도록 되어 있다.

④ BUS는 CCU 내에 있는 각각의 칩(Chip)들이 연결되기 위해서 각 연결선들이 그룹화되어 있

고 집들은 같은 이름으로 사용되는 선에 연결만 하면 배선이 되도록 되어 있다. 이 그룹화된 선을 BUS라 한다.

⑤ 인터페이스는 FA(Factory Automation) 및 FMS(Flexible Manufatures System)를 실현하기 위한 매우 중요한 PLC 기능이다. 이 기능을 통해서 컴퓨터 주변 기기, 일반 사무용 컴퓨터 및 다른 CCU와의 자료 전송이 가능하게 된다. 전송 방식에는 Serial 방식과 Parallel 방식이 있는데, 속도는 조금 떨어져도 경제성을 고려할 때 대부분 Serial 방식을 이용한다. 일반적인 Serial 방식에는 유럽에서 많이 사용하는 20mA Current 방식과 미국에서 많이 사용하는 RS-232C 방식이 있으며 후자를 많이 사용한다.

(2) 입력부

입력부는 CCU의 입출력 제어부와 BUS를 통하여 연결되며 통상적으로 모듈화하여 기본에서 필요한 만큼 확장이 가능하다. 외부 신호와 CCU 내부의 신호(5V)와의 전위차를 일치시켜 주는 일종의 콘버터라 할 수 있다. 사용 전압은 교류용으로 110V, 220V, 240V가 있으며, 직류용으로 5V, 12V, 24V, 48V, 50V가 있다.

그러나 어떤 전압을 사용하더라도 CCU로 넘겨주는 최종 신호는 DC 5V가 되도록 되어 있다. 입력부는 CCU의 신호 전달 외에 다음의 2가지 기능을 추가로 가지고 있다.

① Noise filter(잡음 제거)로서 5ms 정도의 지연 회로를 통해서 입력 신호를 CCU에 전송함으로써 5ms 이하의 순간 노이즈를 방지한다.

② 이상 신호에 대한 보호 회로 기능으로 선정된 모듈과는 다른 이상 신호가 입력되더라도 입력부 자체에서 신호를 차단하여 CCU에 그 영향이 미치지 않도록 하는 것이다. 그러나 이 보호 회로는 단 시간용으로 장시간 동안 이상 신호가 입력될 경우 입출력뿐 아니라 CCU에도 악영향을 미친다. 일반적으로 사용되는 보호 회로는 포토커플러(Photo-coupler)로서 신호가 빛에 의하여 전달된다. 즉 전류가 흐르면 빛을 발하고 그 빛을 받으면 전자를 흘려주는 광전 효과를 이용하여 입력 신호가 직접 CCU에 전달되는 것을 방지하여 과전압 및 과전류로부터 CCU를 보호해 준다.

(3) 출력부

출력부는 CCU에서 처리된 결과를 받아 Actuator를 동작시키는 부분으로서 입력부와 마찬가지로 작동시킬 Actuator에 따라 AC 또는 DC 신호를 5V-240V까지 사용할 수 있도록 모듈화되어 있다. 일반적으로 출력부는 전원을 ON, OFF 하여 단순히 출력 신호를 공급, 차단시키는 역할을 하게 된다. 이밖에 출력부는 출력단의 단락으로 인한 과전류 방지 회로가 내장되어 있다.

(4) 입력 점수 선정

조작반의 누름 스위치, 전환 스위치 등의 명령을 내리는 입력 신호 수와 근접 센서, 포토 센서, 리드 스위치 등의 신호수를 합쳐 입력 점수로 하고, 입력 모듈은 모듈 1개당 8점, 16점, 32점으로 되어 있으므로 여유를 고려하여 입력 모듈의 개수를 적절히 선정한다. 또한, 입력으로 사용되는 센서 등의 사용 전압을 고려하여 입력 모듈의 전압 사양을 선정한다.

(5) 출력 점수 선정

전원 표시등, 운전 표시등, 과부하 표시등, 부저 등의 표시 또는 솔레노이드 밸브, 릴레이, 전자 접촉기의 수를 합쳐 출력 점수 등을 고려하여 8점 모듈, 16점 모듈, 32점 모듈을 적절히 혼합하여 [표 2-5]와 같이 출력 모듈 수를 선정한다.

또 출력 방식 릴레이 접점 출력 방식, TR 출력 방식 등이 있으므로 출력부의 사용 전압을 고려하여 선정한다. 일반적으로 출력 전압에 구애를 받지 않는 릴레이 접점 출력 방식의 모듈이 많이 사용된다.

시스템 규모	종 류	형 식	입출력 포인트
소규모	극소형 PLC	블록식 독립 모듈식	64점 이하
중소 규모	소형 PLC	독립 모듈식 빌딩 블럭식	64~256 점
중규모	중형 PLC	빌딩 블록식	256~1024 점
중대 규모	중대형 PLC	빌딩 블록식	1024~2048 점
대규모	대형 PLC	빌딩 블록식	2048점 이상

[표 2-5] PLC의 선정표

3. 특징

PLC에서 사용하는 각각의 모듈에 대한 특징을 이해하고 활용해야 한다. 기본적으로 전원, 베이스, CPU와 입출력 모듈이 있으며 여러 가지 특수 기능의 모듈들이 있다.

1) 전원 공급 모듈(Power Supply)

PLC Rack에 장착된 모든 모듈에 필요한 전원을 공급하는 모듈로서 대부분 AC110V/220V 전원 입력을 받아서 DC5V를 각 모듈로 공급하는 역할을 한다.

2) 입출력 모듈(I/O Module)

① 디지털 입력 모듈

외부 스위치, 센서 등으로부터 입력 신호를 받아들이는 모듈이다. 입력 모듈은 입력 점수와 입력 전압의 종류에 따라 입력 모듈을 구분한다. 입력 모듈은 "+COM 타입"과 "- COM 타입"이 있으며 그중에서 가장 많이 사용하는 입력 노듈은 "+COM" 타입이다. DC24V, AC110V, AC220V 등의 종류가 있으며 저속 접점 입력을 처리한다.

② 디지털 출력 모듈

솔레노이드 밸브, 파일럿 램프 등과 같은 부하들을 ON/OFF 하는 모듈이다. PLC의 출력 모듈은 출력 형식에 따라 Relay 출력, TR 출력으로 나누어진다. TR 출력 모듈은 NPN, PNP 타입으로 구분된다. DC24V, AC110V, AC220V 등의 종류가 있으며 저속 접점 출력을 처리한다.

3) 인텔리전트 모듈

인텔리전트 모듈에는 아날로그 변환, 위치 결정, 네트워크 등의 특수 기능을 할 수 있는 모듈로 구성된다.

① 위치 결정 제어 모듈

스테핑 모터 또는 서보 앰프로의 위치 지령 신호를 발생시키는 모듈이다. 지정된 주파수 영역과 전압 레벨로 고속 접점 출력을 처리한다.

② 아날로그 입력 모듈

A/D 변환 모듈은 외부의 전압 또는 전류의 아날로그 신호를 받아서 PLC의 CPU에서 처

리 가능한 디지털 값으로 변환하는 기능을 가지고 있다. 전류(4-20mA), 전압(DC1-5V, 1-10V) 압력 센서와 같은 선형 입력(linear Input)을 처리한다.

③ **펄스 입력 모듈**

200Hz, 5kHz, 200kHz 등의 주파수대에서 입력되는 접점 전압 레벨(DC5V, 12V, 24V)을 감지하여 펄스를 카운터하는 모듈이며 트랜스미터 등의 데이터가 이에 해당된다.

④ **RTD 입력 모듈**

PT100Ω, PT200Ω 등의 3선식 측온 저항체 입력을 처리한다. 측온 저항체 외에도 T/C과도 같은 동작을 할 수 있는 모듈도 있다.

⑤ **아날로그 출력 모듈**

CPU에서 받은 디지털 데이터를 전압 또는 전류의 아날로그 신호로 변환하여 외부 기기로 출력을 내보낸다. 전류(4-20mA), 전압(DC1-5V, 1-10V) 같은 선형 출력을 처리한다.

⑥ **PID 제어 모듈**

아날로그 입력 모듈에서 받은 현장 데이터를 정해진 설정치에 도달시키도록 최적의 조건에 의해 연산하여 그 결과를 아날로그 출력 모듈로 출력시킨다.

⑦ **설정치 제어 모듈**(Setpoint Control Loop)

정해진 시간 구간 동안 정해진 설정치를 상승, 유지, 하강을 반복하며 제어한다. 설정치 프로그램 제어(Setpoint Program Control)라고도 한다.

4) 기타

이 밖에도 PLC 메이커들마다 자사의 통신 방식에 따라 제공하는 통신 모듈, 네트워크 모듈, 특정 기기 제어 모듈(Servo축 제어), 진단 기능 모듈 등도 있다.

3장 무접점과 유접점

1. 시스템의 기본 구성

　　FX PLC의 기본 구성을 [그림 3-1]과 같이 FX3U 시리즈를 예를 들어 설명한다. 입출력 점수와 각종 디바이스에 대한 설명은 일체형 PLC인 FX 시리즈를 기본으로 설명하기 때문에 Melsec-Q와는 어드레스 설정과 디바이스에 대한 범위, 특징에 대해서 차이가 있다는 것을 기억해야 한다.

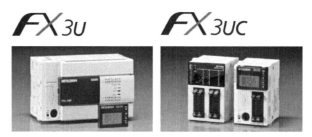

[그림 3-1] FX3U PLC

1) PLC와 유접점

　　유접점 시퀀스와 PLC와는 많은 차이가 있다. [그림 3-2]는 릴레이 1개를 사용하여 솔레노이드 밸브를 ON/OFF 하는 회로이다.

(1) 시퀀스 회로

　　[그림 3-2] 회로의 동작 결과는 ON 푸시버튼 스위치를 누르면 R1 릴레이가 자기 유지되며 솔레노이드 밸브가 작동하고 정지 표시등 GL이 소등되며 운전 표시등 RL이 점등된다. OFF용 푸시버튼 스위치를 누르면 릴레이 R1의 자기 유지가 풀리며 솔레노이드 밸브의 동작이 멈추며 RL이 소등되고, 정지 표시등 GL이 다시 점등되는 회로이다.

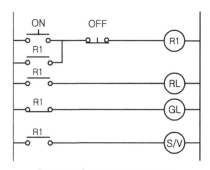

[그림 3-2] 유접점 시퀀스 회로

(2) PLC 회로

[그림 3-2] 회로를 PLC 제어 회로로 바꾸면 [그림 3-3]과 같이 구현할 수 있다.

[그림 3-3] PLC 회로

[그림 3-3] 회로에서 X0은 ON용 푸시버튼 스위치이고 X1은 OFF용 푸시버튼 스위치를 말한다. 외부에서 PLC에 동작을 지시 또는 지령하거나 조건을 제시하는 입력부에 해당하는 것이며 괄호 안의 M0은 PLC 내의 보조 릴레이로서 프로그램으로 처리되는 상징적인 릴레이라 할 수 있다. 이를 내부 릴레이라고 한다. 내부에서 프로그램에 의해 연결 조합하고 동작하는 것으로 실제로 어떤 형체가 존재하는 것은 아니다. 이 내부 릴레이는 일반적으로 사용하는 유접점 릴레이와는 달리 접점 수에 제한이 없다.

Y0, Y1, Y2는 PLC의 외부 출력부로 외부의 솔레노이드 밸브의 코일, 표시등, 부저 등을 연결하기 위한 것으로 a 접점으로 출력된다. PLC 내에는 이밖에 정전 시 상태 유지가 가능한 특수 릴레이, 타이머, 카운터 등을 내장하고 있다.

[그림 3-3]과 같이 회로도가 사다리 모양을 닮았다 하여 Ladder Diagram이라 한다. 래더 프로그램에서 좌/우측의 세로선을 모선, 가로선을 신호선이라 하는데 모선 좌측에 0000, 0004 등의 숫자는 시퀀스 회로를 PLC에 입력시키고자 할 때 명령어가 입력되는 메모리의 번지를 나타낸다.

즉 ON용 푸시버튼 스위치 X0은 0000번지에, 자기 유시 접점 M0의 a 집짐은 1번지에 들이가며 OFF용 푸시버튼 스위치 X1은 2번지에, 이런 식으로 차례차례 입력된다는 것을 말한다.

2) 유접점을 PLC로 변환

유접점 시퀀스 회로를 PLC 프로그램으로 변환할 때 지켜야 할 규칙이 있다.

각각의 유접점 심벌에 대해 PLC 프로그램에서는 각각 규정된 심벌을 사용한다.

(1) 유접점 시퀀스는 회로를 작화할 때 가로 또는 세로로 그리지만 PLC 프로그램은 [그림 3-4]와 같이 세로로만 작화한다.

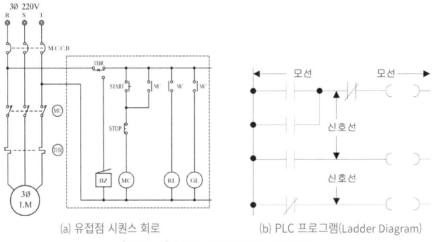

(a) 유접점 시퀀스 회로   (b) PLC 프로그램(Ladder Diagram)

[그림 3-4] 유접점 시퀀스와 PLC 프로그램

(2) 유접점 시퀀스상의 a 접점 심벌은 PLC 프로그램에서는 [그림 3-5]와 같이 하나의 심벌로 통일된다.

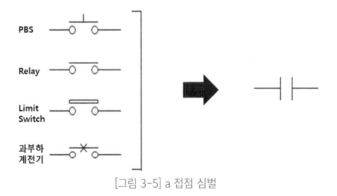

[그림 3-5] a 접점 심벌

(3) 유접점 시퀀스상의 b 접점 심벌은 [그림 3-6]과 같이 PLC 프로그램에서는 하나의 심벌로 통일된다.

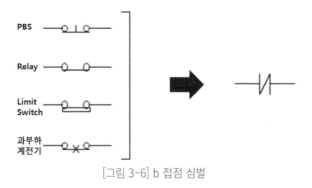
[그림 3-6] b 접점 심벌

(4) 유접점 시퀀스상의 출력 심벌은 [그림 3-7]과 같이 PLC 프로그램에서는 하나의 심벌로 통일된다.

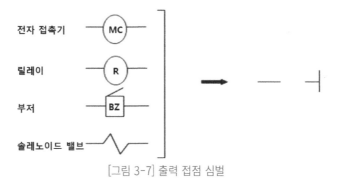
[그림 3-7] 출력 접점 심벌

위의 4가지 규칙을 적용하면서 유접점 시퀀스 회로를 PLC 프로그램으로 변환한다.

[그림 3-4]의 좌측 ⓐ 유접점 시퀀스 회로를 위 규칙을 적용해 PLC 프로그램으로 변환하면 [그림 3-4]의 우측과 같다. [그림 3-8]과 같이 유접점 시퀀스의 각 심벌을 PLC 프로그램에서의 심벌로 변환한 후 PLC의 메모리 맵을 참고하여 각각의 심벌에 고유번호를 부여한다.

PLC의 메모리 맵은 PLC 제조 회사마다 다르며, 같은 회사라 하더라도 PLC 기종마다 다르므로 해당 PLC의 메모리 맵을 참고하여 고유번호를 부여해야 한다.

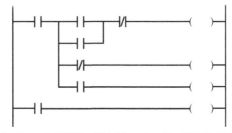
[그림 3-8] 유접점 시퀀스를 PLC 프로그램으로 변환

[그림 3-9]는 FX3U PLC를 적용한 고유번호 할당 예이다.

[그림 3-9] FX3U PLC를 적용한 고유번호 할당

2. I/O List 작성

현장에서 제어 장치(전동기)를 점검하고 제어 장치에 설치되어 있는 조작 패널을 조작하여 전동기를 운전시킨다. 제어실에 설치되어 있는 표시등, 경보용 부저 등을 관찰한다. 이때 제어 대상의 이상 유무를 감시하는 중에 이상이 발생했고 즉시 조작 패널의 정지 버튼을 눌러 전동기를 정지를 시키는 제어 시스템이 있다.

1) 동작 순서
자세한 동작 순서는 다음과 같이 예를 들어 설명할 수 있다.

(1) 회로 동작

[그림 3-10]과 같은 시스템이 있다. 메인 차단기(MCCB)를 ON 하면 정지 표시등 GL이 점등된다. 현장 제어 장치의 운전용 푸시버튼 스위치 ST1를 누르면 MC(전자 접촉기)가 자기 유지되어 농형 유도 전동기가 작동하고 정지 표시등 GL이 소등되며 운전 표시등 RL이 점등된다. OFF용 푸시버튼 스위치 STP1을 누르면 MC 의 자기 유지가 풀리며 전동기는 정지하고 운전 표시등 RL이 소등되고 정지 표시등 GL이 다시 점등되는 회로이다.

메인 콘트롤 제어실에 설치되어 있는 운전용 스위치 ST2을 눌러 전동기를 운전시킬 수도 있고 정지용 스위치 STP2를 누르면 전동기를 정지시킬 수도 있다. 운전 중 과부하가 되면 열동형 과부하 계전기(THR)가 동작되어 전동기는 정지하고 경보용 부저가 동작된다.

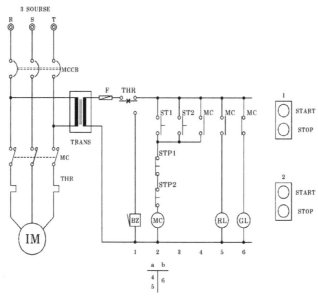

[그림 3-10] 전동기 2개소 운전

(2) I/O 선정 방법

[그림 3-10] 시퀀스 회로와 동작 설명을 토대로 입력 기기와 출력 기기를 분류하면 아래와 같다.

① 입력 기기: 현장 운전 PB(ST1), 현장 정지용 PB(STP1), 제어룸 운전 PB(ST2), 제어룸 정지용 PB(STP2), 과부하 a 접점(THR).

② 출력 기기: 전동기 운전용 MC, 운전 표시등(RL), 정지 표시등(GL), 경보용 부저(BZ).

(3) 입출력 리스트 작성

위와 같이 I/O 선정이 끝나면 [표 3-1], [표 3-2]와 같이 입출력 리스트를 작성한다.

심벌	고유번호	내 용
	X0	현장 운전용 푸시버튼 스위치.
	X1	현장 정지용 푸시버튼 스위치.
	X2	제어실 운전용 푸시버튼 스위치.
	X3	제어실 정지용 푸시버튼 스위치.
	X4	열동형 과부하 계전기 a접점.
DC24V	COM	Digital Input Common1.

[표 3-1] 입력 리스트 (FX3U Series 기준)

심벌	고유번호	내　　　　　　용
	Y0	전자 접촉기
	Y1	운전 표시등
	Y2	정지 표시등
	Y3	경보용 부저
AC220V	COM	Digital Output Common1

[표 3-2] 출력 리스트 (FX3U Series 기준)

PLC에서는 입출력 List가 바로 리스트이다. 유접점 시퀀스와는 달리 시퀀스에 의해 배선(결선)을 하는 것이 아니며, 이 입출력 List에 의해 배선하고 시퀀스 회로를 프로그램화하여 프로그래머나 프로그래밍 TOOL을 사용하여 입력해 주면 된다.

2) 성능 사양과 범위

FX3U 시리즈의 공통 사양과 각 디바이스의 사용 범위는 [표 3-3]과 [표 3-4]에 보이는 것과 같다. Q시리즈와는 차이가 있으므로 주의해서 사용해야 한다.

항목		성능
연산 제어 방식		스토어드 프로그램 반복 연산 방식(전용 LSI), 인터럽트 기능 있음
입출력 제어 방식		일괄 처리 방식(END 명령 실행 시), 입출력 리프레시 명령, 펄스 캐치 기능 있음
프로그램 언어		릴레이 심볼 방식+스텝 래더 방식(SFC 표현 가능)
프로그램 메모리	최대 메모리 용량	64000스텝(파라미터 설정에 의해, 2k/4k/8k/16k/32k도 가능) 파라미터에서 설정함으로써 코멘트, 파일 레지스터를 프로그램 메모리 내에 작성 가능 · 코멘트: 최대 6350점(50점/500스텝) · 파일 레지스터: 최대 7000점(500점/500스텝)
	내장 메모리 용량/형식	64000스텝/RAM 메모리(내장 리튬 배터리로 백업) · 배터리 수명: 약 5년(보증 1년) · 패스워드 보호 기능 있음(키워드 기능)
	메모리 카세트 (옵션)	플래시 메모리 (메모리 카세트의 형명에 따라 최대 메모리 용량이 다름) · FX3U-FLROM-64L: 64000스텝(로더 기능 있음) · FX3U-FLROM-64: 64000스텝(로더 기능 없음) · FX3U-FLROM-16: 16000스텝(로더 기능 없음) 쓰기 허용 횟수: 1만회
	RUN 중 쓰기 기능	있음(PLC RUN 중에 프로그램의 변경 가능)

리얼타임 클록	시계 기능	내장 서기 2자리/4자리, 월차±45초/25°C)		
명령의 종류	기본 명령	· 시퀀스 명령 27개 · 스텝 래더 명령 2개		
	응용 명령	209종 486개		
연산처리속도	기본 명령	0.065μs/명령		
	응용 명령	0.642μs~수100μs/명령		

[표 3-3] FX3U 시리즈 PLC 공통 사양

디바이스명			내용	
입출력 릴레이				
입력 릴레이	X000~X367※1	248점	디바이스 번호는 8진 번호	
출력 릴레이	Y000~Y367※1	248점	입출력 한계는 256점	
보조 릴레이				
일반용[가변]	M0~M499	500점	파라미터에 의해 Keep/비Keep의 설정을 변경 가능	
Keep용[가변]	M500~M1023	524점		
Keep용[고정]	M1024~M7679	6656점		
특수용※2	M8000~M8511	512점		
State				
초기 상태 (일반용[가변])	S0~S9	10점	파라미터에 의해 Keep/비Keep의 설정을 변경 가능	
일반용[가변]	S10~S499	490점		
Keep용[가변]	S500~S899	400점		
애넌시에이터용 (Keep용[가변])	S900~S999	100점		
Keep용[고정]	S1000~S4095	3096점		
타이머(온 지연 타이머)				
100ms	T0~T191	192점	0.1~3,276.7초	
100ms[서브루틴, 인터럽트 루틴용]	T192~T199	8점	0.1~3,276.7초	
10ms	T200~T245	46점	0.01~327.67초	
1ms 적산형	T246~T249	4점	0.001~32.767초	
100ms 적산형	T250~T255	6점	0.1~3,276.7초	
1ms	T256~T511	256점	0.001~32.767초	
카운터				

일반용 업(16Bit) [가변]	C0~C99	100점	0~32,767 카운트.
Keep용 업(16Bit) [가변]	C100~C199	100점	파라미터에 의해 Keep/비Keep의 설정을 변경 가능
일반용 쌍방향(32Bit) [가변]	C200~C219	20점	-2,147,483,648~
Keep용 쌍방향(32Bit) [가변]	C220~C234	15점	+2,147,483,647 카운트. 파라미터에 의해 Keep/비Keep의 설정을 변경 가능

[표 3-4] FX3U 시리즈 디바이스 사용 범위

3. 연산 처리

프로그램 연산 처리를 진행하는 순서는 시퀀스 혹은 PC 기반 제어와는 다르다.

그리고 PLC 연산 처리는 스캔이라는 용어를 사용해서 설명하기도 한다.

1) 처리 순서

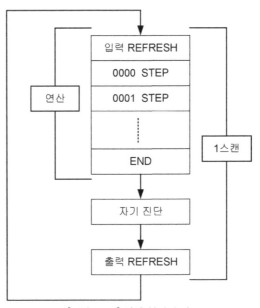

[그림 3-11] 연산 처리 순서

[그림 3-11]과 같이 입력 Refresh 된 상태에서 Program 0000 Step부터 END 명령까지 순차적으로 연산을 한다. 다음에 자기 진단 및 타이머, 카운터 처리와 출력 Refresh를 진행한 후 다시 0000 Step부터 같은 방법으로 연산을 반복하게 된다.

(1) 입력 Refresh

프로그램을 실행하기 전에 입력 Unit에서 입력 Data를 Read 하여 Data Memory의 입력 (P)용 영역에 일괄하여 저장한다.

(2) 출력 Refresh

END 명령을 실행한 후 Data Memory의 출력(P)용 영역에 있는 Data를 일괄하여 출력 Unit에 출력한다.

(3) 입출력 직접 명령을 실행한 경우(IROF 명령)

명령에서 설정된 입출력 카드에 대하여 프로그램 실행 중에 입출력 Refresh를 실행한다.

(4) 출력의 OUT 명령을 실행한 경우

Sequence Program 연산 결과를 Data Memory의 출력용 영역(Y)에 저장하고 END 명령 실행 후에 출력 접점을 Refresh 한다.

(5) 1 스캔

입력 유닛으로부터 접점 상태를 읽어 들여 X 영역에 저장한 후 이를 바탕으로 0000 Step부터 END까지 순차적으로 명령을 실행하고 자기 진단 및 타이머, 카운터 등의 처리를 한 다음 프로그램 실행에 의해 변화된 결괏값을 출력 유닛에 쓰는데 걸리는 시간을 말한다.

2) PLC 래더 프로그램

PLC가 이해할 수 있는 언어를 일정한 약속에 따라 순서대로 나열한 것을 PLC 래더 프로그램(Program)이라 하며, 래더 프로그램을 작성해서 프로그램 메모리에 기억시키는 작업을 프로그래밍이라 한다. PLC의 기초적인 래더 프로그램은 시퀀스에서 사용하는 릴레이 회로와 타이머, 카운터의 집합체라고 생각하면 된다.

[그림 3-12]와 같은 PLC 래더 프로그램의 동작 순서를 살펴보면 다음과 같다.

(1) 푸시버튼 스위치 PB1을 누르면 입력 릴레이 X001 접점이 ON 된다.

(2) 입력 릴레이 X001의 코일이 구동하면 a 접점 X001이 ON 하고 출력 릴레이 Y000의 코일이
여자된다.

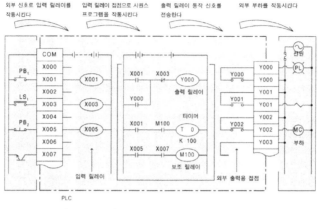

[그림 3-12] PLC 래더 프로그램 동작 순서

(3) 출력 릴레이 Y000의 코일이 여자되면 외부 출력용 a 접점 Y000이 ON 하여 파일럿 램프
PL이 점등한다.

(4) 버튼 스위치 PB1에서 손을 떼면 입력 릴레이 X000의 코일이 OFF 되고, a 접점 X001은
OFF 된다. 그러나 a 접점 Y000이 도통하고 있으므로 출력 릴레이 Y000은 계속해서 여자
상태를 유지한다(자기유지 회로 구성).

(5) 리밋 스위치 LS1이 도통하여 입력 릴레이 X003의 코일이 작동하면 b 접점 X003이 OFF 되
고 출력 릴레이 Y000의 코일이 소자된다(리셋). 그 결과 파일럿 램프 PL이 소등되고 출력 릴
레이 Y000의 자기 유지도 해제된다.

지금까지 설명한 것처럼 PLC는 기존의 시퀀스 방식을 프로그램 방식으로 변환하여 사용하는
시퀀스 전용 전자 제어기인 것이다.

4장 PLC 명령어

1. 시퀀스 명령

PLC는 수많은 명령어들을 가지고 있다. 보통 모델에 따라서 수백여 개의 명령어들이 있으며, 지속적으로 추가 개발되고 있다. 수많은 PLC 명령어를 이해하고 활용하기 위해서는 가장 기본이 되는 명령어부터 원리를 이해하고 사용하는 방법을 알아야 한다. 원리를 이해하고 활용하는 방법을 터득하게 되면 나머지 수백 개의 응용 및 전용 명령어들도 보다 쉽게 접근할 수 있다.

1) 명령어

멜섹에서는 PLC의 가장 기본이 되는 명령어를 시퀀스 명령어라고 한다. 이유는 기본 명령어를 이용해서 작성된 시퀀스 회로는 릴레이 시퀀스 회로와 유사한 형태로 만들어지기 때문이다.

(1) 명령 구조

다양한 시퀀스 명령어를 이용하여 가장 기본적인 PLC 프로그램을 작성해 보자. 참고로 PLC의 명령어 중 가장 사용 빈도가 높은 명령어가 시퀀스 명령어이고, 시퀀스 명령만으로도 다양한 전기회로를 구현할 수 있다.

아울러 릴레이 시퀀스 회로를 기초로 하는 기본이 되는 명령군으로 접점(비트) 단위로 연산하는 명령으로 접점 명령이라고 하며 [그림 4-1]과 같이 각종 릴레이의 접점(입력 접점)과 코일(출력 접점)의 조합으로 표현된다.

① 명령의 구성

비트 오퍼랜드(릴레이)는 명령의 종류에 따라 사용할 수 있는 각종 릴레이(X, Y, M, L, T, C)로 정해져 있다. 명령의 구성은 명령부와 비트 오퍼랜드(릴레이)로 나누어지며 각각의 기능은 다음과 같다.

[그림 4-1] 시퀀스 명령 구조

㉠ 명령부는 각 명령의 기능을 나타낸다. (LOAD, OUT, AND, OR, ...)

㉡ 비트 오퍼랜드(릴레이)는 각 명령에서 사용할 수 있는 릴레이를 표시한다. (X, Y, M, L, T, C)

② 명령의 종류

명령의 종류는 아래와 같이 4가지가 있다.

㉠ 명령부만 있는 명령

오퍼랜드(데이터 메모리) 없이 단순히 명령만 있는 형태

예) PLF, PLF, / 등

㉡ 명령부 + 오퍼랜드로 구성된 명령

일반적인 명령어 형태이다. (오퍼랜드의 ON/OFF 제어 등)

예) LOAD, OR, AND, OUT 등

③ 기본 기능 명령

타이머, 카운터, 시프트 레지스터 등의 기능을 실행하는 명령군이다. 설정치 등을 지정하기 위해 [그림 4-2]와 같이 복수 스텝으로 구성된다.

[그림 4-2] 기본 기능 명령

④ 제어 명령

㉠ 프로그램을 실행할 순서, 흐름을 결정하는 명령군으로 조건에 따라 실행할 부분을 변경한다거나 필요한 부분만을 실행할 수 있다.

ⓒ 실행할 부분의 지정 등을 수행한다. 복수 스탭으로 구성된다.

마스터 콘트롤(MC): 프로그램의 어느 부분(MC·MCR로 지정)을 조건이 성립할 때만 실행한다.

서브루틴 프로그램(Subroutine): 연산 처리 등 반복해서 실행할 프로그램을 서브루틴(SUB RET로 지정)으로써 필요할 때 불러내어 실행한다.

(2) 접점(Contact)

PLC를 이용한 가장 기본이 되는 시퀀스 명령어에는 우선 여러 형태의 접점 명령이 있다. PLC 시퀀스 명령어 중 접점 명령은 연산 시작, 직렬 접속, 병렬 접속(LD, LDI, AND, ANI, OR, ORI) 등을 말하며 [그림 4-3]과 같이 접점 명령을 구분한다. [표 4-1]은 접점 명령에 대한 설명이다.

[그림 4-3] 접점 명령 설정

분류	래더 심벌	처리 내용
접점 입력 종류	─┤├─	a접점
	─┤/├─	b접점
	─┤↑├─	펄스 상승 a접점
	─┤↓├─	펄스 하강 b접점

[표 4-1] PLC의 접점 종류

1) 비트 디바이스

PLC에서 사용하는 디바이스에는 비트 디바이스와 워드 디바이스가 있으며 여러 종류의 디바이를 사용한다.

(1) 외부 입력(X) 릴레이

외부 입력(X) 릴레이는 물리적으로 연결된 외부로부터 입력을 받는다. [그림 4-4]와 같이 입력 릴레이는 PLC의 입력 모듈에 사용되는 비트 메모리로 입력 모듈에 연결된 누름 버튼, 변환 스위치, 리밋 스위치, 디지털 스위치 등의 외부 기기의 ON/OFF 상태를 기억하는 비트 타입의 메모리를 말한다.

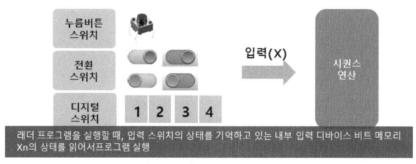

[그림 4-4] 입력 디바이스 X

① 실행 방식

PLC는 래더 프로그램을 실행할 때 스위치의 상태를 직접 읽어서 프로그램을 실행하는 방식이 아니라, 입력 스위치의 상태를 기억하고 있는 내부 입력 디바이스 비트 메모리 Xn의 상태를 읽어서 프로그램을 실행한다.

② 동작 상태

입력(X) 릴레이의 동작 상태를 살펴보면 [그림 4-5]와 같이 입력한 점에 대해 가상의 릴레이 Xn(비트 메모리를 의미함)을 내장하고 있다고 가정하고, 프로그램에서는 Xn의 ON/OFF 상태를 이용하여 a 접점, b 접점으로 이용한다.

Xn의 상태를 그대로 사용하는 접점을 a 접점이라 하고, Xn의 상태를 반전하여 사용하는 접점을 b 접점이라 한다.

㉠ PLC 입력 유닛에 연결된 외부 기기(스위치류, 센서류)의 ON/OFF 데이터를 저장하는 입력 디바이스이다.

㉡ 증설 시 X0~X367까지 사용 가능 (8진수 사용)

㉢ 입력은 a, b 접점으로 사용이 가능하다.

㉣ 입력 데이터는 PLC CPU의 입력 저장 영역에 저장된다.

```
   X000
0 ─┤ ├─────────────────────────────────────────────────( Y000 )

   X001
2 ─┤ ├─────────────────────────────────────────────────( Y001 )

   X002
4 ─┤ ├─────────────────────────────────────────────────( Y002 )
```

[그림 4-5] 입력 릴레이

③ 외부 출력(Y) 릴레이

외부 출력(Y) 릴레이는 물리적으로 연결, 외부로 출력한다. 출력(Y) 릴레이는 프로그램의 제어 결과를 기억하는 비트 제어 가능한 메모리로 [그림 4-6]과 같이 외부의 신호등, 디지털 표시기, 전자 개폐기(접촉기), 솔레노이드 밸브 등을 ON/OFF 한다. 출력 디바이스는 1a 접점에 해당하는 접점을 사용할 수 있다.

④ 기능

PLC 입력 유닛에 연결된 외부 기기(모터, 램프, 솔레노이드 등)의 연산 결과인 ON/OFF를 전달하는 데이터를 저장하는 출력 디바이스이다.

㉠ 증설 시 Y0~Y367까지 사용 가능 (8진수 사용)

㉡ 출력은 a, b 접점으로 사용이 가능하다.

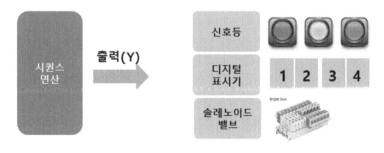

[그림 4-6] 출력 디바이스

⑤ 사용 개수

[그림 4-7]과 같이 프로그램 내에서의 출력 Yn의 a 접점과 b 접점의 사용 수는 프로그램 용량의 범위 내에 있다면 제한은 없다.

[그림 4-7] 출력 릴레이

⑥ 사용 어드레스

입출력 릴레이의 사용 가능한 어드레스는 기본 유니트가 가지는 고유의 번호와, 증설 기기에 대해서 그 접속 순서에 따라 할당되며, 사용하고 있는 FX3에서는 어드레스 할당에 8진수가 이용되고 있기 때문에 [표 4-2]와 같이 "8", "9"라고 하는 수치 어드레스는 존재하지 않는다.

	형명	FX3U-16M	FX3U-32M	FX3U-48M	FX3U-64M	FX3U-80M	증설시	
FX3U PLC	입력	X000~X007 8점	X000~X017 16점	X000~X027 24점	X000~X037 32점	X000~X047 40점	X000~X367 248점	합계 256점
	출력	Y000~Y007 8점	Y000~Y017 16점	Y000~Y027 24점	Y000~Y037 32점	Y000~Y047 40점	Y000~Y367 248점	

[표 4-2]. FX3u PLC

⑦ 내부 릴레이 M

내부 릴레이(M)는 PLC 내부에서 자유롭게 사용할 수 있는 비트 디바이스이다.

내부 릴레이는 프로그램 실행 중 필요한 비트 정보를 저장해 두기 위한 워드 또는 비트 읽기 및 쓰기가 가능한 메모리이다. 내부 릴레이는 다음과 같은 동작을 하면 메모리의 내용이 전부 "0"으로 클리어 된다.

　㉠ PLC의 전원 OFF → ON 시

　㉡ CPU 모듈의 리셋 조작 시

⑧ 특징

멜섹 PLC에서는 비트 메모리를 내부 릴레이라는 명칭을 사용한다. 따라서 학습에서는 비트 메모리를 내부 릴레이 또는 비트 메모리로 혼용해서 사용한다.

　㉠ PLC 내의 내부 릴레이로서 보조 접점으로 사용되며, 보조 릴레이의 코일은 출력 릴레이처럼 PLC 내의 각종 디바이스의 접점에 의해 구동된다.

ⓛ 아래 조작을 실행하면 내부 릴레이는 모두 OFF 된다.

   - 전원의 OFF의 상태에서 전원을 투입 시

   - 리셋 시

ⓒ 프로그램 내에서의 a 접점과 b 접점의 사용 수는 프로그램 용량의 범위 내에 있다면 제한은 없다.

단, 이 접점에 의해 외부 부하를 직접 구동하지 못하고, 외부 부하의 구동은 [그림 4-8]과 같이 출력 릴레이를 추가로 활용하여 사용한다.

[그림 4-8] 내부 릴레이

⑨ 래치 릴레이(L)

래치 릴레이는 프로그램 실행 중 필요한 비트 정보를 저장해 두기 위한 비트별 읽기 및 쓰기가 가능한 메모리이다. 내부 릴레이(M)와 차이점은 PLC의 전원이 OFF 되어도 메모리의 내용을 기억(정전 유지 기능)한다는 것이며, 래치 릴레이의 메모리 영역은 CPU 모듈 내부에 장착된 배터리에 의해 백업이 된다.

2) 워드 디바이스

대표적인 워드 디바이스에는 타이머와 카운터가 있다.

(1) 타이머(T) (16bit = 1Word)

① 타이머의 코일이 ON 하면 계측을 시작하고 현재값이 설정값 이상이 되면 접점이 ON 된다.

② 설정값으로서는 프로그램 메모리 내의 정수(K)를 이용하거나 데이터 레지스터(D)로 간접 지정할 수 있다.

③ 코일이 OFF 했을 때 현재값이 0이 되는 타이머와 코일이 OFF 해도 현재값을 유지하는 적산 타이머가 있다.

④ 1ms(0.001초), 10ms(0.01초), 100ms(0.1초)

타이머(T) 번호는 [표 4-3]에 나타나 있다. (번호는 10진수 할당)

	100ms 0.1~3276.7초	10ms 0.01~327.67초	1ms적산형 0.001~32.767초	100ms적산형 0.1~3276.7초	1ms적산형 0.001~32.767초
FX3U·FX3UC PLC	T0~T199 200점 루틴프로그램용 T192~T199	T200~T245 46점	T246~T249 4점 인터럽트실행 Keep용	T250~T255 6점 Keep용	T256~T511 256점

[표 4-3] 타이머 형별 번호

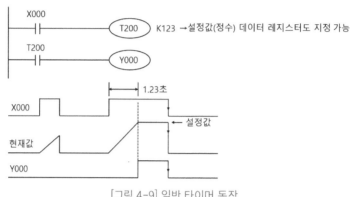

[그림 4-9] 일반 타이머 동작

⑤ [그림 4-9]와 같이 타이머 코일 T200의 구동 입력 X000가 ON 하면 T200용 현재값 카운터는 10ms 클럭펄스를 가산 계수해, 타이머 계수 현재값이 설정값 K123과 같아지면 타이머의 출력 접점이 동작한다. 즉 출력 접점은 코일 구동 후 1.23초에 동작하게 된다. 구동 입력 X000가 OFF 하거나, 정전되면 타이머는 Reset 되고 출력 접점은 복귀한다.

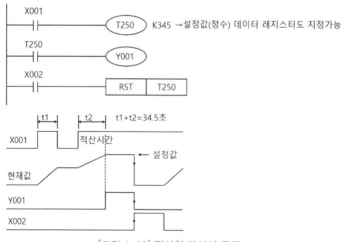

[그림 4-10] 적산형 타이머 동작

⑥ 적산형 타이머 동작은 [그림 4-10]과 같이 타이머 코일 T250의 구동 입력 X001이 ON 하면 T250용 현재값 카운터는 100ms 클릭펄스를 가산 계수해, 그 값이 설정값 K345에 동일해지면 타이머의 출력 접점이 동작한다.

계수 도중에 입력 X001이 OFF 하거나 정전해도 재동작 시 계수를 속행한다. 이러한 적산 동작 시간은 34.5초가 되며, Reset 입력 X002가 ON 하면 타이머는 Reset 되고 출력 접점은 복귀한다. [그림 4-12]와 [그림 4-13]은 오프 딜레이 타이머와 플리커형의 타이머 동작을 보여 주고 있다.

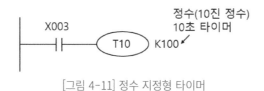

[그림 4-11] 정수 지정형 타이머

[그림 4-11]과 같이 T10는 100ms(0.1s) 베이스의 타이머이다. 정수로서 100을 지정하면 0.1s×100=10s 타이머로 동작한다.

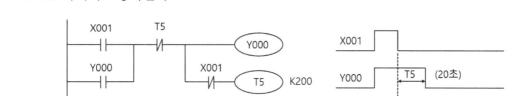

[그림 4-12] 오프 딜레이 타이머

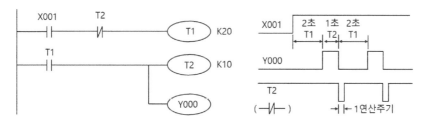

[그림 4-13] 플리커(점멸)

(2) 카운터(C)

카운터는 시퀀스 프로그램에서 입력 조건의 충족(기동) 횟수를 카운트하는 디바이스이다.

① 카운터 처리

- OUT C명령 실행 시 카운터 코일의 ON/OFF, 현재값의 갱신 및 접점의 ON/OFF 처리를 실행한다.

- END 처리 시 카운터 현재값의 갱신과 접점의 ON/OFF 처리는 실행하지 않는다.
- 현재값의 갱신은 OUT C 명령의 펄스 상승 시(OFF→ON)에 실행된다.
- OUT C명령이 OFF, ON→ON, ON→OFF 시에는 현재값을 갱신하지 않는다.
- Up/Down 카운터 사용 시 Up/Down 전환용 보조 릴레이가 ON이면 Down Count, OFF 이면 Up Count를 한다.

② 카운터의 리셋

- 카운터의 현재값은 OUT C 명령이 OFF 해도 삭제되지 않는다.
- RST C 명령을 실행한 시점에서 카운터값은 삭제되고 접점도 OFF 된다.
- [표 4-4]과 [표 4-5]는 용도별 카운터와 특징을 나타내고 있다.

	16Bit Up Counter 0~32,767 Counter		32Bit Up/Down Counter -2,147,483,648 ~ +2,147,483,648 Counter	
	일반용	정전 보존용 (Battery Keep)	일반용	정전 보존용 (Battery Keep)
FX3U·FX3UC PLC	C0~C99 100점※1	C100~C199 100점※2	C200~C219 20점※1	C220~C234 15점※2

[표 4-4] 용도별 카운터

항목	16Bit Counter	32Bit Counter
계수 방향	Up	Up/Down 전환 사용 가능(상기표)
설정치	1 ~ 32,767	-2,147,483,648 ~ +2,147,483,647
설정치의 지정	정수 K 또는 데이터 레지스터	좌동. 단, 데이터 레지스터는 페어(2개분)
설정치의 변화	Counter Up 후, 동작하지 않음	Counter Up 후도 변화(링 카운터)
출력 접점	Counter Up 후, 동작 보존	Up으로 동작 보존, Down으로 Reset
Reset 동작	RST 명령 실행 시에 카운터의 현재값은 0이 되고 출력 접점도 복귀	
현재값 레지스터	16Bit	32Bit

[표 4-5] 카운터의 특징

③ 16Bit Counter

- 16Bit의 업카운터의 설정값은 K1 ~ K32767 (10진수 정수)가 유효하다.(K0 = K1 같은 동작)
- [그림 4-14]와 같이 계수 입력 X011에 의해 C0 코일이 구동될 때마다 카운터의 현재값은 증가, 10번째 코일 명령 실행 시점에서 출력 접점이 동작. 그 후, X011이 동작해도 카운터의 현

재값은 변화하지 않고, Reset 입력 X010이 ON 하면 RST 명령 실행 시점에서, 카운터의 현재값은 0이 되어 출력 접점도 복귀한다.

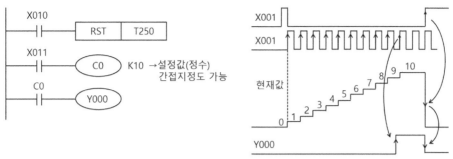

[그림 4-14] 16 Bit Counter

④ **32Bit Counter**

- 32Bit의 UP/DOWN 카운터의 설정값은, -2,147,483,648 ~ +2,147,483,647(10진정수) 유효하다.
- UP/DOWN의 방향은 특수 보조 릴레이 M8200 ~ M8234에 의해 지정
- 설정값은 정수 K 또는 데이터 레지스터 D의 내용에 의해 +, - 값을 이용
- 계수 입력 X014에 의해 C200 코일이 ON 된 시점에서 업 또는 다운한다.
- 출력 접점은 카운터의 현재값이 "-6" → "-5"에 증가한 시점에서 Set 되고, "-5" → "-6"에 감소한 시점에서 Reset 된다.
- Reset 입력 X013이 ON 하면 RST 명령 실행 시점에서 카운터의 현재값은 0 되어, 출력 접점도 복귀한다.

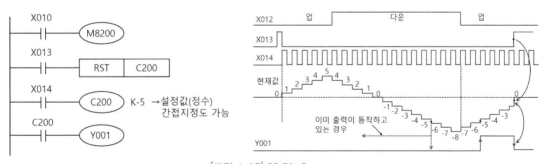

[그림 4-15] 32 Bit Counter

⑤ **정수 지정**(K)

[그림 4-16]과 [그림 4-17]과 같이 16비트 카운터와 32비트 카운터를 사용할 경우 정수 지정 범위가 다르다.

[그림 4-16] 16Bit Counter 정수 지정

[그림 4-17] 32Bit Counter 정수 지정

3. 데이터 레지스터, 파일 레지스터

수치 데이터를 저장하기 위한 디바이스가 데이터 레지스터이며, 그 데이터 레지스터의 초기치로서의 다루어지는 디바이스가 파일 레지스터이다.

1) 데이터 레지스터

데이터 레지스터는 수치 데이터(-32,768 ~ +32,767 또는 0000H ~ FFFFH)를 저장하는 16비트 크기의 메모리이다. 필요에 따라 데이터 레지스터 2개를 조합하여 32비트 크기의 메모리로 사용할 수 있다.

데이터 레지스터, 파일 레지스터(D)의 번호는 다음에 있는 [표 4-6]과 같다.

	데이터 레지스터				파일 레지스터 (Keep)
	일반용	정전 보존용 Battery Keep	정전 보존전용 Battery Keep	특수용	
FX3U·FX3UC PLC	D0~D199 200점	D200~D511 312점	D512~D7999 7488점	D8000~D8511 512점	D1000이후 최대700점

[표 4-6] 레지스터 번호(번호는 10진수 할당)

(1) [그림 4-18]과 같이 데이터 레지스터는 16비트로 기본 구성되며 따라서 16비트 단위로 읽고 쓸 수 있다.

[그림 4-18] 16 Bit 데이터 레지스터

(2) [그림 4-19]과 같이 32비트 명령으로 D 레시스터를 사용하는 경우에는 Dn이 하위 16bit
가 되고 Dn+1이 상위 16bit로 처리 대상이 된다.

[그림 4-19] 32 Bit 데이터 레지스터

(3) D 레지스터 2점에는 2147483648~2147483647의 데이터를 저장할 수 있다.

(4) 시퀀스 프로그램에서 저장한 데이터는 다른 데이터를 저장할 때까지 유지된다.

5_장 프로그램 작성

1. 시퀀스 프로그램

PLC를 이용해서 가장 기본적인 시퀀스 형태의 래더 프로그램을 작성한다. PLC의 기본적인 프로그램 형태는 시퀀스 형태의 래더 프로그램이다.

1) 시퀀스형 명령
(1) YES와 NOT 회로

PLC를 이용한 가장 기본이 되는 회로와 프로그램을 설명한다면 YES, NOT 회로와 그리고 직병렬 회로라고 할 수 있다. 그중에서 예스 회로란 입력이 존재하게 되면 출력이 존재하는 전기 회로를 의미한다.

① YES 회로는 [그림 5-1]에 나타낸 것을 보면 쉽게 이해할 수 있다. 간략하게 설명하자면 기본적인 입출력 기능을 나타내는 회로이다

입력되는 신호를 받아서 출력을 그대로 내보내는 회로
'입출력 회로'

가정 및 실내의 조명등 스위치

[그림 5-1] YES 회로 예

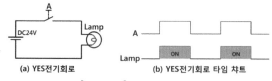

(a) YES전기회로   **(b) YES전기회로 타임 챠트**

[그림 5-2] YES 회로 동작

[그림 5-2]와 같이 입력되는 신호를 받아서 출력을 그대로 내보내는 회로이며, 다시 말해서 입력

신호가 존재할 때만 출력 신호가 존재하게 되는 논리 회로를 말하여 만약 입력 신호가 존재하지 않으면 출력 역시 바로 사라지게 된다. 따라서 입출력 회로를 이해하여야만 다른 회로를 이해할 수 있기 때문에 가장 기본적으로 알아야 하는 회로다.

[그림 5-3]과 같이 시퀀스로 작성한 입출력 회로에 대해서 먼저 설명하자면 푸시버튼 스위치 (PBS)와 릴레이(K0) 그리고 램프(LAMP)를 이용해서 회로를 구성되어 있다.

[그림 5-4]는 동작 상태를 나타내는 타임 차트이다. 동작 결과는 푸시버튼 스위치를 ON 하면 램프가 ON이 되고, 푸시버튼 스위치를 OFF 하면 램프도 따라서 OFF가 되는 동작을 나타낸다.

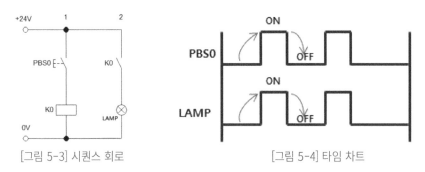

[그림 5-3] 시퀀스 회로   [그림 5-4] 타임 차트

② NOT 회로는 [그림 5-5]와 같이 PLC에서 작성한 YES 회로의 반대 개념이다.

부정(NOT) 회로는 출력의 상태가 입력 상태의 반대가 되는 전기회로로 [그림 5-5]와 같이 입력 이 ON 되면 출력이 OFF 되고, 입력이 OFF 되면 출력이 ON이 되는 전기회로이다.

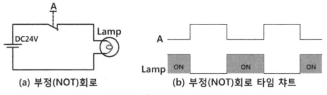

(a) 부정(NOT)회로   (b) 부정(NOT)회로 타임 챠트

[그림 5-5] 부정(NOT) 회로

[그림 5-6]의 0번 라인의 래더를 살펴보면 입력 접점 X0은 a 접점이고 입력 신호가 OFF에서 ON이 되면 ON 신호를 출력 신호 Y00으로 내보낸다. 입력 신호가 OFF이면 OFF 그대로 출력 신호를 내보내는 기능을 한다. [그림 5-7]과 같이 타임 차트를 보면 X0 신호가 OFF에서 ON이 되면 출력으로 지정된 Y00 신호도 같이 ON이 된다.

그리고 X0 신호가 ON에서 OFF가 되면 출력으로 지정된 Y00 신호도 ON에서 OFF가 된다는 것을 알 수 있다. [그림 5-6]의 2번 라인의 래더를 살펴보면 입력 신호 X0이 b 접점이고, 만약 ON

에서 OFF가 되면 ON 신호를 출력 신호 Y01로 내보내고, 입력 신호 X0이 ON이면 출력 신호 Y01
을 OFF로 내보내는 기능을 한다.

[그림 5-8]의 타임 차트를 보면 b 접점 X0 신호가 ON에서 OFF가 되면 출력으로 지정된 Y01 신
호는 ON이 된다. 그리고 X0 신호가 OFF에서 ON이 되면 출력으로 지정된 Y01 신호는 함께 OFF
에서 ON이 된다.

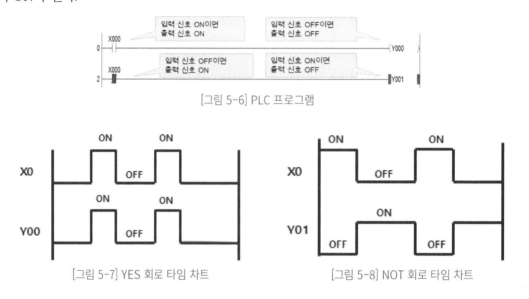

[그림 5-6] PLC 프로그램

[그림 5-7] YES 회로 타임 차트 [그림 5-8] NOT 회로 타임 차트

(2) AND(직렬) 회로

이번에 설명하는 회로는 [그림 5-9]와 같은 AND(직렬) 회로이다.

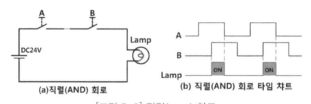

[그림 5-9] 직렬(AND) 회로

[그림 5-10]과 같이 AND 회로는 직렬 회로라고도 불리며, 입력 조건 신호가 2개 이상, AND
조건으로 이어 있을 때 동작하는 회로를 말한다.

입력 신호들이 2개 이상, 직렬로 이어 있을 때 동작하는 회로

[그림 5-10] AND 회로

[그림 5-11]은 시퀀스에서 작성한 AND 회로이다. 푸시버튼 스위치 2개와 릴레이 그리고 램프를 이용해서 회로를 구성했다. [표 5-1]은 AND 회로의 동작을 나타내는 진리표이다.

동작에 대해서 설명하자면 회로상에 존재하는 2개의 푸시버튼 스위치 중에서 푸시버튼 스위치를 하나만 ON 하면 K0 릴레이는 소자 상태를 유지하며, 따라서 램프는 OFF를 유지하게 된다.

그러나 두 개의 푸시버튼 스위치를 모두 ON 하면 K0 릴레이는 여자 상태가 되며 따라서 램프가 ON이 된다.

만약 푸시버튼 스위치를 하나만 OFF 하거나 혹은 두 개 모두 OFF 상태가 되면 K0 릴레이는 소자되고 따라서 램프도 OFF가 되는 동작을 확인할 수 있다.

[표 5-1]은 AND 회로의 동작 상태를 나타내는 진리표이며, 입력은 푸시버튼 스위치 2개를 의미하고 출력은 램프를 의미한다.

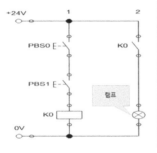

AND회로		
입력		출력
0	0	0
0	1	0
1	0	0
1	1	1

[그림 5-11] AND 회로   [표 5-1] AND 회로 진리표

[그림 5-12]의 래더는 PLC를 이용한 AND 회로이다. X0과 X1 접점이 AND 조건으로 되어 있을 경우 X0과 X1 두 개의 접점 신호 모두 ON이 되어야만 출력 Y20이 ON이 된다. 만약 입력 접점 신호 중에서 1개만 ON이 된다면 당연히 출력 Y20은 OFF 상태를 유지한다.

```
    X000   X001                                                    (Y000  )
0 ──┤ ├────┤ ├──────────────────────────────────────────────────(Y000  )
```

[그림 5-12] 래더 예

[그림 5-13]의 타임 차트를 보면 X0 접점 신호와 X1 접점 신호가 동시에 ON 되는 구간에서만 출력 Y00이 ON이 되는 것을 확인할 수 있다. [표 5-2]는 AND 회로의 입출력 동작 상태를 나타내는 진리표이다. X0과 X1은 입력을 의미하고 Y00은 출력을 의미한다. 따라서 해당 진리표를 토대로 동작을 확인하면 된다.

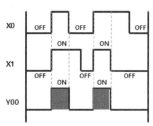

AND 회로		
X0	X1	Y00
0	0	0
0	1	0
1	0	0
1	1	1

[그림 5-13] 타임 차트   [표 5-2] AND 회로 동작

(3) OR(병렬) 회로

이번에 설명하는 회로는 [그림 5-14]와 같은 OR(병렬) 회로이다.

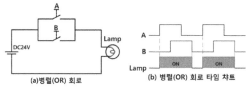

[그림 5-14] 병렬(OR) 회로

[그림 5-15]와 같이 OR 회로는 병렬 회로라고도 불리며 입력 조건 신호가 2개 이상, OR 조건으로 이어 있을 때 동작하는 회로를 말한다.

2개 이상의 소자를 전원에 대하여 병렬로 접속한 회로

[그림 5-15] OR(병렬) 회로

[그림 5-16]의 회로와 [표 5-3]의 표는 시퀀스에서 작성한 OR 회로와 동작을 설명하는 표이다. 푸시버튼 스위치 2개와 릴레이 그리고 램프를 이용한 회로로 구성된다.

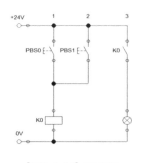

OR 회로		
입력		출력
0	0	0
0	1	1
1	0	1
1	1	1

[그림 5-16] OR 회로   [표 5-3] OR 회로 동작

[그림 5-16]의 시퀀스 회로에서 푸시버튼 스위치를 두 개 모두 ON 하거나 혹은 하나만 ON 하더라도 K0 릴레이가 여자되어 램프가 ON이 된다. 그러나 두 개의 푸시버튼 스위치를 모두 OFF 하게 되면 K0 릴레이는 소자되고 따라서 램프는 OFF가 된다. [표 5-3]은 OR 회로를 나타내는 진리표이다. 해당 진리표를 참조하여 동작을 확인하면 된다.

[그림 5-17]은 PLC에서 OR 회로를 래더 프로그램으로 작성한 것이다. OR 회로는 AND 회로와 달리 입력 조건 신호인 X0 접점과 X1 두 개 중에 하나만 ON이 되어도 출력 Y00이 여자되어 ON이 되는 회로이다. 논리 회로의 OR 게이트와 같은 동작을 한다.

[그림 5-17] 래더 작성 예

[그림 5-18]의 타임 차트를 보면 X0 접점 신호와 X1 접점 신호가 둘 중에 하나 혹은 둘 다 ON 되는 구간에서 출력 Y00이 ON이 되는 것을 확인할 수 있다. [표 5-4]의 테이블은 OR 회로의 입출력 동작 상태를 나타내는 진리표이다. X0과 X1은 입력을 의미하고 Y00은 출력을 의미한다. 따라서 해당 진리표를 참조하여 동작을 확인하면 된다.

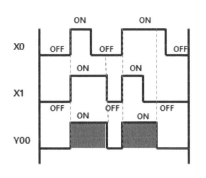

OR 회로		
X0	X1	Y00
0	0	0
0	1	1
1	0	1
1	1	1

[그림 5-18] OR 회로 타임 차트   [표 5-4] OR 회로 동작

시퀀스 형태의 프로그램에서 가장 기본적인 응용 단계를 설명한다면 자기 유지와 인터록이 있다.

1) AND, OR, NOR 회로를 이용한 자기 유지 회로

자기 유지 회로는 자동화 시스템을 제어하는 데 있어서 가장 중요한 회로라고 할 수 있다. 자기 유지라는 개념이 성립되었기 때문에 현재의 자동화라는 분야가 발달하였다고 해도 과언이 아니다.

(1) 구성

[그림 5-19]와 같이 자기 유지 회로는 셋(set)과 리셋(reset) 기능을 가진 각각 1개씩의 푸시버튼 스위치와 한 개의 릴레이 소자 구성되는 전기회로로 셋 우선 자기 유지 회로와 리셋 우선 자기 유지 회로로 구분해서 사용할 수 있다.

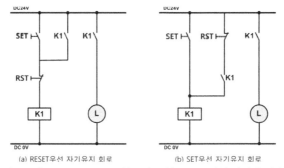

(a) RESET우선 자기유지 회로　　　(b) SET우선 자기유지 회로

[그림 5-19] AND, OR, NOT 회로의 조합으로 구성된 자기 유지 회로

(2) 조건

[그림 5-20]은 전기회로로 표현한 자기 유지 회로이다. 리셋 우선 자기 유지 회로의 동작 조건을 좀 더 자세히 살펴보자.

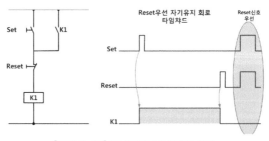

[그림 5-20] 전기회로 자기유지 회로

자기 유지 회로 구성 시 사용하는 스위치는 반드시 푸시버튼을 사용한다. 만약 토글 스위치를 사용하면 자기 유지 회로를 구현하는 데 의미가 없어진다.

(3) 리셋 우선 자기 유지

[그림 5-20]에 보이는 자기 유지 회로의 타임 차트에서 알 수 있듯이 셋 버튼을 ON 하면 릴레이 K1은 ON(여자)이 되고, 이 ON 상태를 계속해서 유지하게 된다.

릴레이가 ON 상태를 유지하는 상태에서 리셋 버튼을 ON 하면 릴레이의 상태가 OFF(소자) 된다. 만약 리셋 신호와 셋 신호가 동시에 ON 되면 릴레이는 OFF 상태가 된다. 이러한 동작 결과가 나오는 자기 유지 회로를 RESET 우선 자기 유지 혹은 정지 우선 자기 유지, OFF 우선 자기 유지 회로라고 한다.

[그림 5-21] RESET 우선 자기 유지 회로 (출력 접점 사용)

[그림 5-22] RESET 우선 자기 유지 회로 (내부 릴레이 사용)

[그림 5-21]은 출력 접점을 이용하여 구성한 자기 유지 회로이고, [그림 5-22]는 내부 릴레이를 이용하여 구성한 자기 유지 회로이다. PLC 프로그램을 이용하여 자기 유지 회로를 구성하는 방법에는 2가지 종류가 있다.

(4) SET 우선 자기 유지 회로

SET 우선 자기 유지 회로의 동작은 리셋 우선 자기 유지와 차이가 있다.

전기 시퀀스를 이용한 자기 유지를 PLC 래더 프로그램으로 구현하면 [그림 5-23]과 같이 구현할 수 있다.

[그림 5-23] SET 우선 자기유지 회로

시퀀스 동작을 살펴보면 셋 버튼을 ON 하면 릴레이 K1은 ON(여자)이 되고 이 ON 상태를 계속해서 유지하게 된다. 릴레이가 ON 상태를 유지하는 상태에서 리셋 버튼을 ON 하면 릴레이의 상태는 OFF(소자) 상태가 된다.

그러나 만약 리셋 신호와 셋 신호를 동시에 ON 하게 되면 릴레이는 ON 상태를 유지하게 된다. 이러한 동작 결과가 나오는 자기 유지 회로를 SET 우선 자기 유지 혹은 기동 우선 자기 유지, ON 우선 자기 유지 회로라고 한다.

[그림 5-24]는 내부 릴레이를 이용하여 구성한 SET 우선 자기 유지 회로이다.

[그림 5-24] 내부 릴레이를 이용한 SET 우선 자기 유지 회로

(5) SET과 RESET을 이용한 자기 유지

앞에 설명한 것처럼 입력과 출력 접점을 이용하여 자기 유지 회로를 구현하는 방법도 있지만, SET 명령어와 RST(Reset) 명령어를 이용하여 자기 유지 회로를 구현하는 방법도 있다.

[그림 5-25]의 PLC 프로그램을 살펴보면 X0 버튼을 ON 하면 M0의 내부 비트 메모리가 SET 되어 "1"의 상태를 계속 유지한다. 그리고 X1 버튼이 ON 하면 M0는 "0"의 상태가 된다. 따라서 X0을 ON 하면 내부 릴레이 M0은 ON 상태를 유지하게 되므로 프로그램의 4번 스텝의 출력 접점 Y00은 ON 상태를 계속 유지하게 된다. 자기 유지가 되는 것이다. 이때 만약 X1을 ON 하면 내부 릴레이 M0은 OFF 상태를 유지하게 되므로 자기 유지가 되어 있었던 출력 접점 Y00은 OFF가 되어 버린다. 자기 유지가 해제되는 것이다.

[그림 5-25] SET과 RST을 이용한 자기 유지

3. 인터록

인터록은 주로 현장에서 안전장치를 동작시키기 위하여 고안된 기능이다.

1) 인터록(Inter-Lock) 개념

제어기의 보호나 작업자의 안전을 위해 제어기의 동작 접점을 사용하여 관련된 제어기의 상호 동시 동작을 금지하는 회로를 [그림 5-26]과 같은 인터록이라고 한다.

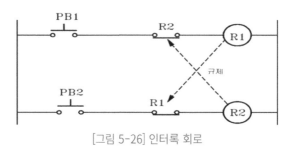

[그림 5-26] 인터록 회로

다른 용어로는 선행 동작 우선 회로, 상대 동작 금지 회로라고도 한다.

(1) 기능

인터록은 릴레이의 b 접점을 상대방 회로에 직렬로 연결하여 어느 한쪽의 릴레이가 동작 중일 때는 관련된 다른 릴레이는 동작할 수 없도록 차단시켜서 규제하는 회로이다.

(2) 동작 설명

주로 모터의 정역 제어 또는 공압 실린더의 전후진 제어에 많이 사용하는 회로이다. [그림 5-27]에서 푸시버튼 A가 ON 되어 K1 릴레이가 ON 된 상태에서 푸시버튼 B가 ON 되어도 K2 릴레이는 OFF 상태를 계속 유지하고 있다는 것을 알 수 있다. 그 이유는 K1 릴레이의 b 접점이 동작되어 K2 릴레이의 동작을 하지 못하도록 전기회로를 개방해서 차단하기 때문이다.

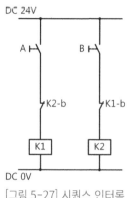

[그림 5-27] 시퀀스 인터록

따라서 푸시버튼 A, B를 동시에 ON 해도 릴레이 K1, K2는 동시에 동작(ON)하는 것이 아니고 순간의 차이로 먼저 동작한 K1 혹은 K2 릴레이가 다른 릴레이를 동작하지 못하게 하는 것이다.

2) 적용 예

인터록 회로의 적용 예를 설명하자면, 모터를 정방향과 역방향을 제어하고자 할 때, 정회전과 역회전의 지령이 동시에 입력되어 제어회로와 그리고 연동되어 있는 기구불 능이 파손되는 것을 방지하기 위해서 주로 사용한다. [그림 5-28]은 인터록 회로를 PLC로 작성한 예이다.

```
0    X000    Y001                                          (Y000   )
     ─┤├─    ─┤/├─
3    X001    Y000                                          (Y001   )
     ─┤├─    ─┤/├─
```

[그림 5-28] 인터록 회로 프로그램

4. 타이머와 카운터

이번에는 시퀀스 출력 명령어 중 타이머의 사용법에 대해 설명한다. 기계 장치를 특정한 시간 순서에 의해 제어하려면 시간을 제어할 수 있는 기능이 필요하다. 멜섹Q PLC에서는 시간 제어에 필요한 타이머 기능을 제공하고 있다.

1) 타이머 특징과 종류

타이머는 PLC 내의 1ms, 10ms, 100ms, 사용자 설정 시간의 클럭 펄스를 가산 계수하고 이것이 소정의 설정값에 도달했을 때에 출력 접점이 동작하는 기능을 가지고 있는 출력이다. FX3U에서 사용하는 타이머 클럭 펄스의 주기는 타이머 번호로 정해져 있다.

2) 특징

타이머는 가산식으로 타이머의 코일이 ON 하면 계측을 시작하고, 현재값이 설정값 이상이 되었을 때 타이머의 동작을 중지하고 타이머의 접점을 ON 한다. 멜섹Q PLC에서는 타이머의 코일이 OFF 했을 때 현재값이 "0"이 되는 타이머와 타이머의 코일이 OFF 해도 현재값을 유지하는 적산 타이머가 있다.

또한, 타이머에는 [그림 5-29]와 같이 저속 타이머와 고속 타이머로 구분되고, 적산 타이머도 저속 적산 타이머와 고속 적산 타이머로 구분된다.

[그림 5-29] 타이머의 종류

3) 계측 시간 단위

타이머의 계측 시간을 사용자가 설정할 수 있도록 되어 있다. 저속 타이머의 기본 계측 시간은 100ms이고, 고속 타이머의 기본 계측 시간은 1~10ms이다. 타이머의 기본 계측 시간의 변경이 필요한 경우에는 PLC 파라미터 설정의 PLC 시스템에서 변경 가능하다.

FX Parameter

Memory Capacity　Device　|PLC Name　|PLC System(1) |PLC System(2) |Special Function Block |Positioning |Ethernet Port

	Sym.	Dig.	Points	Start	End	Latch Start	End	Latch Setting Range
Supplemental Relay	M	10	7680	0	7679	500	1023	0 - 1023
State	S	10	4096	0	4095	500	999	0 - 999
Timer	T	10	512	0	511			
Counter(16bit)	C	10	200	0	199	100	199	0 - 199
Counter(32bit)	C	10	56	200	255	220	255	200 - 255
Data Register	D	10	8000	0	7999	200	511	0 - 511
Extended Register	R	10	32768	0	32767			

[그림 5-30] 타이머 사용 범위

4) 타이머의 종류 및 사용법

PLC에서는 여러 종류의 타이머 명령어를 제공하고 있지만 ON-Delay 타이머만 잘 이용해도 다양한 기능을 가진 타이머 기능을 구현할 수 있다. 먼저 저속 타이머를 이용한 ON-Delay 타이머의 사용법에 대해 살펴보자. 저속 타이머의 기본 계측 시간의 단위는 100ms이다.

(1) ON-Delay 타이머

가장 일반적으로 사용하는 타이머이며 저속 타이머를 이용한 ON-Delay 타이머의 사용법과 타이머의 동작 타임 차트에 대해서 설명한다.

[그림 5-31] ON-Delay 타이머

[그림 5-30]의 프로그램에서 사용한 타이머는 저속 타이머이다. 저속 타이머의 기본 계측 단위는 디폴트 값이 100ms이기 때문에 타이머 T0의 설정 시간은 100ms×10= 1000ms, 즉 1초 설정이 된다.

(2) 설정 방법

참고로 타이머의 설정값은 10진 정수를 이용하여 설정하는 방법과 데이터 레지스터를 이용하여 설정하는 방법이 있다. 타이머의 설정값은 K1 ~ k32767까지 가능하다. 타이머 코일의 입력 X0 접점이 1초 이상 ON 되면 타이머의 T0 접점은 1초 후 ON 되어 Y00 출력을 ON 한다. 타이머 코일의 입력 X0 접점이 OFF 하면 T0의 접점도 함께 OFF 된다.

(3) 타임 차트

[그림 5-31]의 PLC 프로그램과 [그림 5-32]의 ON-Delay 타이머의 타임 차트와 비교하여 ON-Delay 타이머의 작동 상태를 이해할 수 있어야 한다. 타이머는 여러 종류가 있지만, 적산 타이머를 제외한 나머지 타이머는 ON-Delay 타이머와 자기 유지 회로로 구현 가능하다. 따라서 앞에서 설명한 자기 유지 회로 다음에 중요한 것이 타이머이다.

[그림 5-32] ON-Delay 타이머 타임 차트

(4) OFF-Delay 타이머

앞에서 설명한 ON-Dealy 타이머와 자기 유지 회로를 이용하면 OFF-Delay 타이머를 구현할 수 있다. [그림 5-32]의 PLC 프로그램은 OFF-Delay 타이머를 구현한 것이다. 이러한 프로그램 예는 ON -Delay 타이머와 자기 유지 회로를 이용한 것을 알 수 있다.

프로그램 동작 순서는 다음과 같다.

[그림 5-33] OFF-Dealy 타이머

① OFF-Delay 타이머는 X0 입력이 ON 되면, M0가 ON 되면서 자기 유지 회로가 작동하여 M0의 출력이 ON 상태를 유지한다.

② 타이머 T0는 M0가 ON 된 상태에서 X0가 OFF 될 때 동작하도록 되어 있기 때문에 M0만 ON 되어서는 동작하지 않는다. 하지만 X0 입력이 OFF 되면 타이머 T0의 코일이 ON이 되고, 이때부터 타이머 T0의 시간 계측이 시작된다.

③ 타이머의 설정 시간 1초가 되면 타이머의 접점 출력 T0는 자기 유지 회로를 OFF 시켜 출력 M0을 OFF 한다.

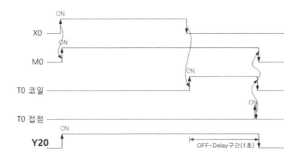

[그림 5-34] OFF-Delay 타이머 타임 차트

[그림 5-34]의 타임 차트는 OFF-Delay 타이머의 동작을 나타낸 것이다. M0의 ON/OFF 상태를 출력 접점 Y00으로 출력하고 있다. 즉 출력 Y00은 X00 입력이 ON 되면 Y00의 출력도 함께 ON 되지만 X00의 입력이 OFF 된 후에도 출력 Y00은 타이머 설정 시간 1초 후에 OFF 된다.

즉 X00의 입력이 OFF 된 후 1초 지연되어 Y00의 출력이 OFF 되기 때문에 OFF-Delay 타이머의 동작 형태가 된다.

(5) 플리커(Flicker: 짐멸) 타이머

자동차에는 자동차의 차선 변경 등의 진행 방향을 표시하는 좌·우측 표시등이 있다. 이러한 표시등은 동작할 때 일정한 시간 간격으로 점멸하기 때문에 일명 깜박이라고 부르고 있다. 산업 현장에서는 표시등을 이용하여 다양한 정보를 표시하기 때문에 주의를 요하는 중요한 표시등은 작업자가 쉽게 확인할 수 있도록 표시등을 점멸하는 경우가 종종 있다.

표시등을 점멸하는 경우에도 타이머를 사용하며 일정한 시간 간격을 지정해서 ON/OFF를 반복하는 기능의 타이머를 플리커 타이머라 한다.

[그림 5-35]에 플리커 타이머의 프로그램을 보여 주고 있다. Y00은 출력이며 입력 X00가 ON 되어 있는 동안 2초 OFF, 1초 ON 동작을 무한 반복한다.

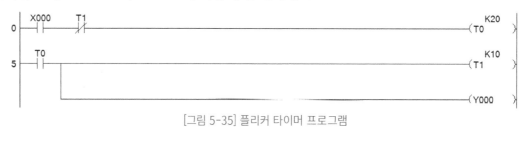

[그림 5-35] 플리커 타이머 프로그램

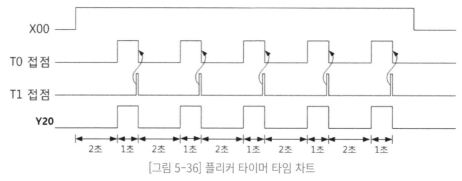

[그림 5-36] 플리커 타이머 타임 차트

2) 카운터(Counter)

카운터는 입력 조건이 ON 한 횟수를 카운트하는 디바이스이다. 우리 주변에서 카운터를 찾아보면 핸드폰 앱 중에 만보계 등이 있다는 것을 알 수 있다.

(1) 종류와 사용 방법

PLC에서의 카운터 종류는 PLC 프로그램에서 입력 조건이 ON 한 횟수를 카운트하는 카운터와 인터럽트 요인의 발생 횟수를 카운트하는 인터럽트 카운터의 2가지 종류가 있다.

① 카운터 사용법

[그림 5-37]에 카운터 명령을 사용하는 방법에 대해서 보여 주고 있다.

[그림 5-37] 카운터 명령 설정

[그림 5-38]의 프로그램을 살펴보면 X0의 입력이 10회 ON 되면 카운터 출력 접점 C0가 ON 되고, 따라서 출력 Y00이 ON 되고, X1의 입력이 ON 되면 카운터를 리셋한다.

[그림 5-38] 카운터를 이용한 프로그램

프로그램에서 C0는 X0의 ON 된 횟수를 저장하는 카운터 디바이스이고, K5는 카운터의 설정값이다. 따라서 카운터의 출력 접점은 현재값(C0의 카운터 디바이스에 저장된 값)이 설정값(여기에서는 K5)보다 같거나 크면 ON 된다.

② 카운터 리셋

카운터의 현재값과 출력 접점을 OFF 하기 위해서는 [RST C□] 명령어를 사용해야 한다. [RST C□] 명령어를 실행한 시점에서 현재값이 클리어되고 접점도 OFF 된다. [그림 5-30]의 라인 6번의 X001 신호가 ON 되면 C0의 현재값은 "0"이 되고 카운터 완료 출력 접점은 OFF 된다. 따라서 라인 4번의 C0은 OFF 되고 출력 접점 Y000EH가 소자되어 OFF 된다.

5. 데이터 전송

프로그램을 작성하고, 분석하기 위해서는 다양한 PLC 명령어를 이해하고 사용할 줄 알아야 한다. PLC를 이용한 명령어는 보통 PLC마다 수백여 개 이상이 있다.

이러한 명령어 중에서 메모리를 사용하는 명령어가 있다. 바로 데이터 전송 기능의 명령어이다. C 언어 혹은 파이썬 등에 사용되는 함수 기능의 명령어와 유사한 기능의 명령어라고 생각하면 된다.

1) 명령어 구싱

데이터를 이용한 명령어의 구성은 [그림 5-39]와 같이 명령부와 디바이스부로 구분되며 연산 방식은 PLC의 CPU Scan 처리를 기본으로 한다. 따라서 먼저 PLC Scan 처리 과정에 대해서 정확하게 이해를 하는 것이 수많은 응용 명령에 대한 이해력을 높이는 지름길이 된다.

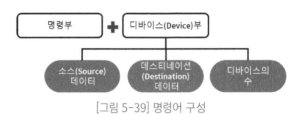

[그림 5-39] 명령어 구성

먼저 명령부는 명령의 기능을 의미한다. 디바이스부의 용도는 데이터를 설정하는 영역이다. 디바이스부는 데이터를 보관하고 있는 소스 데이터와 데스티네이션 데이터 그리고 디바이스의 수로 분류할 수 있다.

(1) 소스

[그림 5-40]과 같이 소스(S) 데이터는 CPU 연산에서 데이터 전송 등의 응용 명령을 사용할 때 사용하는 데이터를 말한다. 명령별로 지정된 디바이스에 따라 2가지로 분류할 수 있다.

① 정수는 연산에서 사용하는 수치를 지정한다.
② 정수를 변수 데이터로 사용하는 경우는 인덱스 수식을 이용한다.

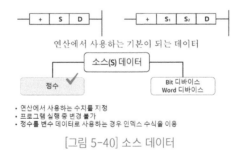

[그림 5-40] 소스 데이터

③ 비트(Bit) 디바이스, 워드(Word) 디바이스는 연산에서 사용하는 데이터가 저장된 디바이스를 지정한다.
④ 연산을 실행할 때까지 지정된 디바이스에 데이터를 저장할 필요가 있다.

⑤ 프로그램 실행 중에 지정된 디바이스에 저장하는 데이터를 변경함으로써 해당 명령에서 사용하는 데이터를 변경할 수 있다.

(2) 데스티네이션

[그림 5-41] 데스티네이션 영역

데스티네이션(D) 영역에는 연산된 결괏값을 저장한다.

① [그림 5-41]은 BIN 16비트 데이터의 가산 명령을 사용하는 경우 데이터 전송 과정이다.
② 좌측 명령어 형태의 경우 연산 실행 전에 사용하는 데이터를 저장하는 기능이다.
③ 우측의 명령은 동일한 BIN 16비트 데이터의 가산 명령을 사용할 경우이다.
④ 명령의 구조를 보면 보관처가 별도로 지정된 명령이기 때문에 연산된 결과만 저장하게 된다.

2) 데이터의 종류

명령어에서 사용할 수 있는 데이터는 [표 5-5]와 같이 여러 종류가 있다.

(1) 비트와 워드 데이터

가장 많이 사용하는 비트와 워드/더블워드 데이터는 다음과 같다.

① 비트 데이터의 경우는 접점·코일 등 1비트 단위로 사용하는 데이터이다.
② 워드/더블워드 데이터는 16비트/32비트의 수치 데이터이다.
③ 워드 데이터는 10진수 정수와 16진수 정수가 있다. 사용 범위는 다음과 같다.

- 10진수 정수: K-32,768~K32,767
- 16진수 정수: H0000~HFFFF

CPU에서 사용하는 데이터	1. 비트 데이터		
	2. 수치 데이터	3. 점수 데이터	4. 워드 데이터 더블워드 데이터
	5. 문자 데이터		

[표 5-5] 데이터의 종류

(2) 워드/더블워드 명령의 자리 지정 설정

X, Y, M 등의 비트 디바이스는 자리 지정에 의해 워드 데이터로 변형하여 [그림 5-42]와 같이 취급할 수 있다.

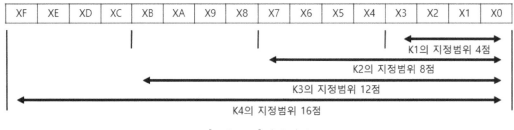

[그림 5-42] 자리 지정

비트 데이터의 자리 지정은 자릿수, 비트, 디바이스, 선두 번호에서 지정한다. 자리 지정은 [그림 5-42]와 같이 4점(4비트) 단위로 워드 명령일 경우 K1~K4까지, 더블워드일 경우 K1~K8까지 지정할 수 있다.

① K1X0은 X0부터 시작해서 K1(4점, 4비트)이므로 X0~X3까지 4비트를 지정한 것이 된다.
② K2X0은 X0부터 시작해서 K2(8점, 8비트)이므로 X0~X7까지 8비트를 지정한 것이 된다.
③ K3X0은 X0부터 시작해서 K3(12점, 12비트)이므로 X0~XB까지 12비트를 지정한 것이 된다.
④ K4X0은 X0부터 시작해서 K4(16점, 16비트)이므로 X0~XF까지 16비트를 지정한 것이 된다.

설명한 방법으로 비트를 니블(nible)부터 바이트(byte), 워드(word) 더블워드(double word), 롱(long) 등으로 필요한 경우 범위를 지정해서 사용하면 데이터를 이용한 프로그램 작성 시 데이터 관련 코딩 작업이 한결 수월해질 수 있다.

2) MOV/MOVP(16비트 데이터 전송)

데이터 전송 명령어 중에서 MOV 명령과 MOVP(Pulse) 명령은 16비트 데이터 전송 명령이다.

	명령부	디바이스부
	명령의 정의	사용하는 데이터의 정의

설정 데이터	사용 가능 디바이스							
	내부 디바이스 (시스템, 사용자)		파일 레지스터	MELSECNET/10(H) 다이렉트 J□W□		특수 모듈 U□WG□	인덱스 레지스터 Zn	정수 K, H	기타
	비트	워드		비트	워드				
ⓢ				○				○	-
ⓓ				○				-	-

[표 5-6] 명령부와 디바이스부

[표 5-6]과 같이 명령의 구조는 명령부와 디바이스부로 구분된다.

다시 설명을 하자면 명령부의 기능은 명령의 기능을 정의하는 것이며, 디바이스부는 명령에서 사용하는 데이터를 정의하는 부분인 것이다. 그리고 디바이스부는 다시 소스 데이터, 데스티네이션 데이터, 그리고 그 외 사용 가능한 디바이스로 구분된다. 각 용어의 영역은 다음과 같다.

(1) [그림 5-43]과 같이 소스ⓢ 영역에는 비트, 워드 등 내부 디바이스와 파일 레지스터, 네트워크 멜섹넷의 다이렉트 비트, 워드, 특수 모듈의 워드 어드레스, 인덱스 레지스터와 정수 K와 H 등 거의 모든 디바이스를 지정할 수 있다.

Source Destination

거의 모든 디바이스 사용가능 정수는 사용 불가능(K, H)

[그림 5-43] 데스티네이션 설정

(2) 데스티네이션ⓓ 영역은 소스 영역에서 사용 가능한 비트 워드 등 내부 디바이스와 파일 레지스터, 네트워크, 다이렉트 비트, 워드, 특수 모듈의 워드 어드레스, 인덱스 레지스터까지 사용 가능하다. 그러나 정수 K와 H는 사용할 수 없다.

(3) MOV 명령의 원래 명칭은 MOVE이지만 [그림 5-44]와 같이 줄여서 MOV라고 사용한다. 16 비트 데이터 선송 병령의 기능은 S로 지정된 워드 디바이스의 데이터값을 D로 지정된 워드 디바이스로 전송하는 함수 명령이다.

MOVE → MOV   MOVE Pulse → MOVP

[그림 5-44] MOV 명령

(4) MOVP 명령의 P는 Pulse를 의미한다. 시퀀스 명령의 상승 펄스(PLS) 기능이 포함된 명령어이다. [그림 5-45]와 같이 줄여서 MOVP라고 표시한다.

[그림 5-45] MOVP 명령

(5) MOV 명령과 MOVP 명령의 차이점은 다음과 같다. MOV 명령은 지령 펄스 신호가 ON 되었을 때 항시 ON 실행 기능이다 다시 말해서 매 Scan 실행형으로 CPU가 스캔하는 동안 계속 데이터 전송을 실행한다.

(6) MOVP 명령은 지령 상승 펄스 시 단 1회 전송 기능(상승 Pulse)으로 구분될 수 있다. 보통 지령 펄스의 신호 변화 시(상승 혹은 하강) 명령어 실행을 하기 위하여 사용한다.

(7) MOV와 MOVP 명령을 사용할 경우 [표 5-7]과 같이 소스 영역의 설정 데이터에는 전송될 소스의 데이터 또는 데이터가 저장되어 있는 디바이스의 번호를 지정한다. 데스티네이션(D) 영역에는 전송 상대인 전송처 디바이스 번호를 지정한다. 그리고 데스티네이션 데이터 범위는 16비트 데이터 범위 내에서 지정해야 한다.

설정 데이터	내용	데이터 타입
S	전송 소스의 데이터 또는 데이터가 저장되어 있는 디바이스 번호	BIN16/32비트
D	전송 상대인 디바이스 번호	

[표 5-7] 설정 데이터와 데이터 타입

3) 데이터 전송 과정

MOV와 MOVP는 16비트 데이터를 전송하는 같은 기능의 명령어이다. 다만 데이터를 전송하는 과정에서 연산 실행하는 과정에 차이가 있다.

[그림 5-46]을 살펴보면 MOV 명령을 이용하여 데이터 전송을 실행하기 전 소스 영역에는 전송 데이터 '1011 1011 1011 1011'가 저장되어 있다. 그리고 데스티네이션 영역에도 이미 초기 데이터 '0000 0000 0000 0000'가 저장되어 있다는 것을 확인할 수 있다.

이때 MOV 명령의 실행 조건이 충족되어 데이터 전송 명령을 실행한다면 데스티네이션 영역에
저장되어 있던 초기 데이터 '0000 0000 0000 0000'는 데이터 전송 명령 실행 후 소스 영역에 저
장되어 있던 16비트 데이터 '1011 1011 1011 1011'로 변경되는 것을 확인할 수 있다.

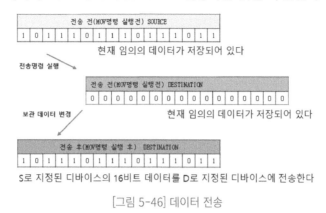

[그림 5-46] 데이터 전송

(1) [그림 5-47]과 같이 래더 프로그램에서 X0 신호가 ON 되면 MOV 명령이 실행되어 소스로 지
   정된 K1이라는 정수 데이터가 데스티네이션 영역인 데이터 레지스터 0번(D0)으로 전송된다.

(2) 이때 데스티네이션 영역의 워드 디바이스로 지정된 D0의 0번 비트가 ON 되는 것을 확인할 수
   있다. 참고로 D0.0의 의미는 워드 디바이스인 데이터 레지스터 D0의 0번 비트라는 표현이다.

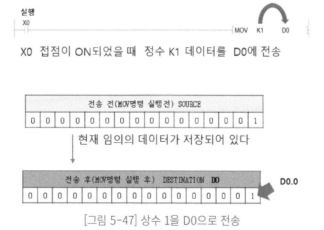

[그림 5-47] 상수 1을 D0으로 전송

(3) [그림 5-48]은 X0 접점이 ON 되었을 때 소스 데이터 정수 K100을 데스티네이션 영역으로
   지정된 D10에 전송을 하는 데이터 전송 과정을 보여 주고 있다.

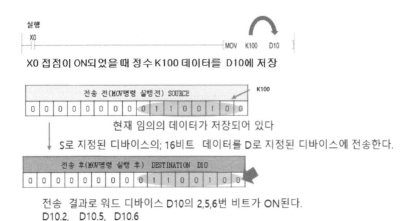

X0 접점이 ON되었을 때 정수 K100 데이터를 D10에 저장

전송 전(MOV명령 실행전) SOURCE · · · K100

현재 임의의 데이터가 저장되어 있다

S로 지정된 디바이스의; 16비트 데이터를 D로 지정된 디바이스에 전송한다.

전송 후(MOV명령 실행 후) DESTINATION D10

전송 결과로 워드 디바이스 D10의 2,5,6번 비트가 ON된다.
D10.2, D10.5, D10.6

[그림 5-48] K100을 D100으로 전송

(4) X0 신호가 ON 되면 소스 디바이스로 지정된 K100이라는 정수 데이터가 데스티네이션 D10
으로 지정된 워드 디바이스에 전송된다.

(5) 이때 MOV 명령에 의한 데이터 전송 결과를 살펴보면 D영역의 워드 디바이스로 지정된
D10의 2번, 5번, 6번 비트가 ON 되었다는 것을 확인할 수 있다.

그리고 이런 결과는 D10.2, D10.5, D10.6가 각각 ON이 되었다고 표현할 수 있다.

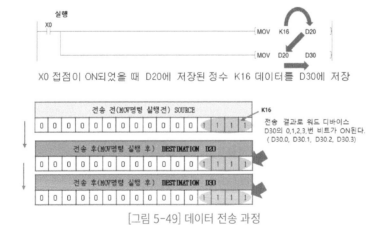

X0 접점이 ON되었을 때 D20에 저장된 정수 K16 데이터를 D30에 저장

전송 전(MOV명령 실행전) SOURCE · · · K16

전송 결과로 워드 디바이스
D30의 0,1,2,3,번 비트가 ON된다.
(D30.0, D30.1, D30.2, D30.3)

전송 후(MOV명령 실행 후) DESTINATION D20

전송 후(MOV명령 실행 후) DESTINATION D30

[그림 5-49] 데이터 전송 과정

(6) [그림 5-49]를 살펴보면 X0이 ON 되었을 때 D20에 저장된 정수 데이터 K16를 D30에 저장
하는 데이터 전송 과정이라는 것을 확인할 수 있다.

⑺ X0 신호가 ON 되면 소스 디바이스로 지정된 K16이라는 정수 데이터는 데스티네이션 D20 으로 지정된 워드 디바이스에 전송된다.

다음에 D20에 전송된 데이터는 MOV 명령에 의해서 소스 데이터 D20으로 전송된다. 그리고 D 영역의 D30으로 전송된다는 것을 확인할 수 있다.

⑻ 지금까지의 데이터 전송 과정을 보면 소스 데이터 K16이 먼저 D20으로 전송된 후 다시 D20 에 저장된 데이터가 데스티네이션 영역 D30으로 전송되어 저장된다는 것을 확인할 수 있다.

⑼ 이러한 데이터 전송 결과를 살펴보면 워드 디바이스 데이터 레지스터 D30의 0, 1, 2, 3(D30.0, D30.1, D30.2, D30.3)번 비트들이 각각 ON 되었다는 것을 알 수 있다.

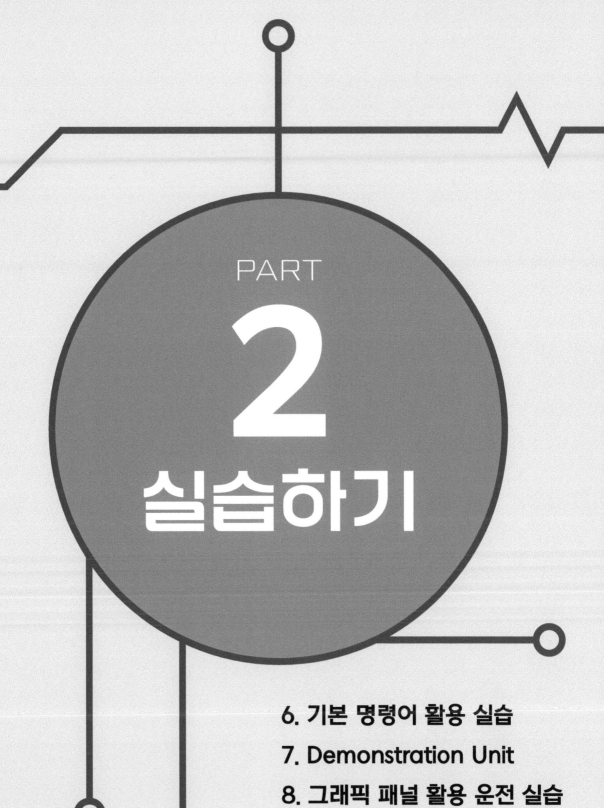

PART

2

실습하기

6장 기본 명령어 활용 실습

실습 1. OUT 명령어

1) 실습 목적
- OUT 명령이 사용되는 출력의 종류를 설명할 수 있다.
- OUT 명령을 이해하고 사용할 수 있다.

2) 준비물
- PLC 트레이너. GX Works2 Software, PC, 필기구

3) 관련 이론
- OUT 명령은 외부 출력, 내부 출력에 대한 코일 구동 명령이다.
- 외부 입력에는 사용하지 않는다.
- 병렬의 OUT 명령(다중 출력임. 이중 출력 아님)은 몇 번이라도 계속해서 사용할 수 있다.

4) 입출력 리스트(I/O List)
(1) 입력 리스트(Input List)

심벌	고유번호	내 용
	X0	외부 입력 스위치 0
	X1	외부 입력 스위시 1
	X2	외부 입력 스위치 2
	X3	외부 입력 스위치 3
DC24V	Com1, Com2	X0 ~ X17까지의 입력 Common

[표 6-1] 입력 리스트

(2) 출력 리스트(Output List)

심벌	고유번호	내 용
	Y0	외부 출력 표시등 0
	Y1	외부 출력 표시등 1
	Y2	외부 출력 표시등 2
	Y3	외부 출력 표시등 3
	Y4	외부 출력 표시등 4
DC24V	Com1	Y0 ~ Y7까지의 출력 Common

[표 6-2] 출력 리스트

5) 실습 순서

(1) 결선과 프로그래밍

가. 리드선을 사용하여 입력 리스트와 같이 결선한다.

이때 PLC의 입력 Common 단자에 DC 24V의 +전원을 연결하고, 스위치 블록의 Common 단자에는 DC 24V의 -전원을 연결한다.

나. 리드선을 사용하여 출력 리스트와 같이 결선한다.

이때 PLC의 출력 Common 단자에 DC 24V의 +전원을 연결하고, 램프 블록의 Common 단자에는 DC 24V의 -전원을 연결한다.

다. GX Works2 Software를 실행한 후 [그림 6-1]과 같이 새로운 Project를 시작한다.

이때 시리즈는 FXCPU, 타입은 FX3U를 선택하고, Project Type은 'Simple Project'를 설정한다.

[그림 6-1] Project Type

라. PLC와 컴퓨터 간 통신 케이블을 접속한 후 통신을 연결한다. (ON LINE 설정)

마. [그림 6-2]와 같이 래더 프로그램을 참조하여 프로그램을 코딩하고 테스트한다.

[그림 6-2] 래더 프로그램

바. [그림 6-3]과 같이 메뉴의 'Compile – Build'를 선택하거나, 키보드의 'F4' 키를 선택하여
프로그램을 컴파일한다.

[그림 6-3] 프로그램 컴파일

사. 프로그램 전송 전에 PC와 PLC의 통신 케이블 연결 상태를 다시 한번 확인한다. 메뉴의
'Online - Write to PLC…'를 선택하거나, 도구 모음의 ⟶ 아이콘을 클릭하면 [그림 6-4]
과 같이 Online Data Operation 창이 나타난다.

아. 'Parameter + Program' 아이콘을 클릭해서 파라미터와 프로그램을 선택한 후 오른쪽
아래에 위치한 'Execute' 아이콘을 클릭해서 PLC에 다운로드한다.

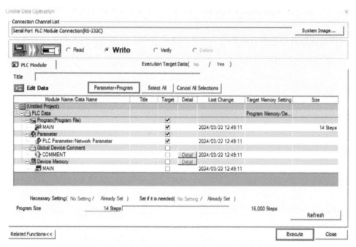

[그림 6-4] Online Data Operation 창

자. [그림 6-5]와 같이 CPU 모드 전환 메시지가 나타난다. 이때 '예(Y)' 버튼을 누른다.

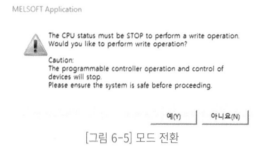

[그림 6-5] 모드 전환

차. [그림 6-6]과 같이 프로그램이 CPU에 다운로드된다. 다운로드가 완료되면 오른쪽 아래에 위치한 'Close' 버튼을 누른다.

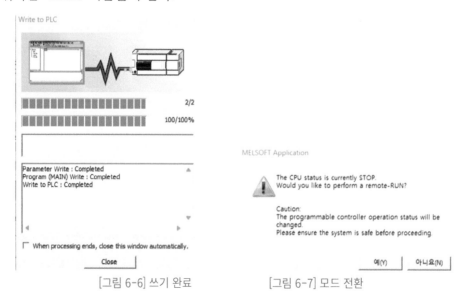

[그림 6-6] 쓰기 완료   [그림 6-7] 모드 전환

카. [그림 6-7]과 같이 CPU 모드 전환 메시지가 나타난다. 이때 '예(Y)' 버튼을 누르면 CPU가 RUN 된다.

(2) 모니터링과 기록하기

가. 프로그램 다운로드가 완료되면 모니터링을 위해 메뉴의 'Online - Monitor - Monitor Mode'를 선택하거나 키보드의 F3 키를 선택하여 모니터링을 시작한다.

나. 점등되어 있는 표시등이 있는지 관찰하고 설명한다.

다. 래더 프로그램에서 Y0은 어떤 기능인가?

라. 래더 프로그램에서 M01은 어떤 기능인가?

(3) 검토 및 고찰하기

가. 위 회로를 동작시켜 보고 전체적인 동작 내용을 기록한다.

나. 실습이 끝나면 모든 전원 스위치를 OFF 하고 정리 정돈 한다.

다. OUT 명령으로 지정할 수 있는 내/외부 출력은 무엇인가?

라. OUT 명령으로 지정된 내부 출력의 번호를 중복하여 사용할 수 있는지 관찰하고 설명한다.

마. 외부 출력을 병렬(다중 출력)로 하여 출력할 수 있는지 관찰하고 설명한다.

1) 실습 목적

- 자기 유지 회로의 동작을 설명할 수 있다.
- 정지 우선과 시동(기동, RUN) 우선의 의미를 설명할 수 있다.

2) 준비물

- PLC 트레이너. GX Works2 Software, PC, 필기구

3) 관련 이론

- [그림 6-8]과 같이 자기 유지를 이용한다.

[그림 6-8] 자기 유지 프로그램 예

[그림 6-9] 래더 프로그램과 타이밍 차트

[그림 6-8]의 래더 프로그램에서 X0을 ON 하면 내부 릴레이 M0이 여자된다.

내부 릴레이 M0이 여자되면 외부 입력 X0과 병렬로 연결된 a 접점 M0이 ON 된다.

이때 X0을 OFF 해도 M0은 계속 ON 상태를 유지하고 있게 된다. 이러한 과정과 결과를 자기 유지라 하고, X0과 병렬로 접속된 a 접점 M0을 자기 유지 접점이라 한다.

2. 정지 우선과 기동 우선 자기 유지 회로

[그림 6-10]과 [그림 6-11]에서 ON 스위치(X0)와 OFF 스위치(X1)를 동시에 눌렀을 때 코일이

여자 상태가 되면 기동 우선 자기 유지 회로라 하고, 무여자 상태이면 정지 우선 자기 유지 회로라 한다. [그림 6-10]은 정지 우선 자기 유지 회로이고, [그림 6-11]은 기동 우선 자기 유지 회로이다.

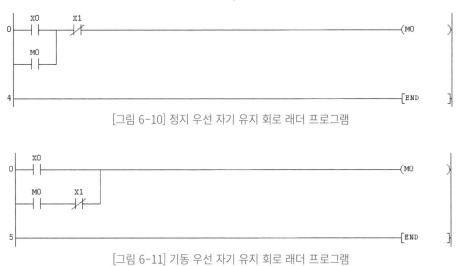

[그림 6-10] 정지 우선 자기 유지 회로 래더 프로그램

[그림 6-11] 기동 우선 자기 유지 회로 래더 프로그램

4) 입출력 리스트 (I/O List)

(1) 입력 리스트 (Input List)

심벌	고유번호	내 용
DC24V	X0	외부 입력 스위치 0
	X1	외부 입력 스위치 1
	X2	외부 입력 스위치 2
	X3	외부 입력 스위치 3
	Com1, Com2	X0 ~ X17까지의 입력 Common.

[표 6-3] 입력 리스트

(2) 출력 리스트 (Output List)

심벌	고유번호	내 용
DC24V	Y0	외부 출력 표시등 0
	Y1	외부 출력 표시등 1
	Com1	Y0 ~ Y7까지의 출력 Common.

[표 6-4] 출력 리스트

5) 실습 순서

(1) 결선과 프로그래밍

가. 리드선을 사용하여 입력 리스트와 같이 결선한다.

이때 PLC의 입력 Common 단자에 DC 24V의 +전원을 연결하고, 스위치 블록의 Common 단자에는 DC 24V의 -전원을 연결한다.

나. 리드선을 사용하여 출력 리스트와 같이 결선한다.

이때 PLC의 출력 Common 단자에 DC 24V의 +전원을 연결하고, 램프 블록의 Common 단자에는 DC 24V의 -전원을 연결한다.

다. GX Works2 Software를 실행한 후 [그림 6-12]와 같이 새로운 Project를 시작한다.

이때 시리즈는 FXCPU, 타입은 FX3U를 선택하고, Project Type은 'Simple Project'를 설정한다.

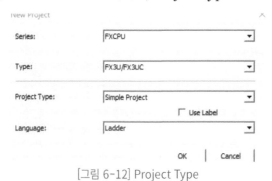

[그림 6-12] Project Type

라. PLC와 컴퓨터 간 통신 케이블을 접속한 후 통신을 연결한다. (ON LINE 설정)

마. [그림 6-13]의 래더 프로그램을 프로그램을 입력한다.

[그림 6-13] 래더 프로그램

바. 프로그램의 컴파일

[그림 6-14]와 같이 메뉴의 'Compile – Build'를 선택하거나, 키보드의 F4 키를 선택하여 프로그램을 컴파일한다.

[그림 6-14] 프로그램 컴파일

사. 프로그램 전송

① 프로그램을 전송하기 전에 PC와 PLC의 통신 케이블 연결 상태를 확인한다.

② 메뉴의 'Online - Write to PLC...'를 선택하거나, 도구 모음의 아이콘을 클릭하면 [그림 6-15]와 같이 Online Data Operation 창이 나타난다. 이때 'Parameter+Program' 아이콘을 클릭해서 파라미터와 프로그램을 선택한 후 오른쪽 아래에 위치한 'Execute' 아이콘을 클릭해서 PLC에 다운로드한다.

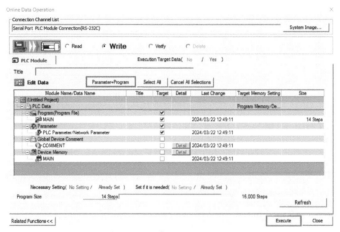

[그림 6-15] 프로그램 전송

③ 잠시 후 [그림 6-16]과 같이 CPU 모드 전환 메시지가 나타난다. 이때 '예(Y)' 버튼을 누른다.

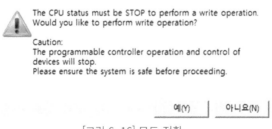

[그림 6-16] 모드 전환

④ [그림 6-17]과 같이 프로그램이 CPU에 다운로드된다. 다운로드가 완료되면 오른쪽 아래에 위치한 'Close' 버튼을 누른다.

⑤ [그림 6-18]과 같이 CPU 모드 전환 메시지가 나타난다. 이때 '예(Y)' 버튼을 누르면 CPU가 RUN 된다.

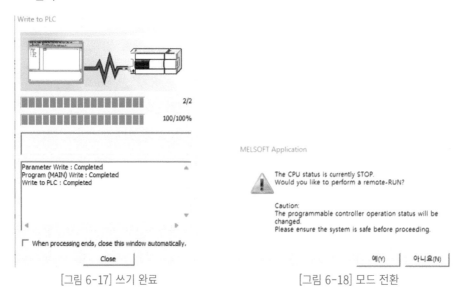

[그림 6-17] 쓰기 완료   [그림 6-18] 모드 전환

(2) 모니터링과 기록하기

가. 프로그램 다운로드가 완료되면 모니터링을 위해 메뉴의 'Online - Monitor - Monitor Mode'를 선택하거나 키보드의 F3 키를 선택하여 모니터링을 시작한다.

나. 외부 입력 스위치 X0을 ON/OFF 한다. 이때 동작 결과를 확인한다.

다. 외부 입력 스위치 X1을 ON/OFF 한다. 이때 동작 결과를 확인한다.

라. 외부 입력 스위치 X2를 ON/OFF 한다. 이때 동작 결과를 확인한다.

마. 외부 입력 스위치 X3을 ON/OFF 한다. 이때 동작 결과를 확인한다.

바. 외부 입력 스위치 X0과 X1을 같이 ON/OFF 한다. 이때 동작 결과를 확인한다.

사. 외부 입력 스위치 X2와 X3을 같이 ON/OFF 한다. 이때 동작 결과를 확인한다.

(3) 검토 및 고찰하기

가. 위 회로를 모두 동작시켜 보고 전체적인 동작 내용을 기록한다.

나. 실습이 끝나면 모든 전원 스위치를 OFF 하고 정리 정돈 한다.

실습 3. SET와 RST 명령어

1) 실습 목적

(1) SET, RST 명령의 의미를 알고 사용할 수 있다.

(2) 자기 유지 회로와 비교하여 활용할 수 있다.

2) 준비물

- PLC 트레이너. GX Works2 Software, PC, 필기구

3) 관련 이론

(1) [그림 6-19]와 같이 SET와 RST를 이용한다. [그림 6-20]은 SET과 RESET을 사용할 경우의
   동작 타임 차트이다.

[그림 6-19] SET과 RESET

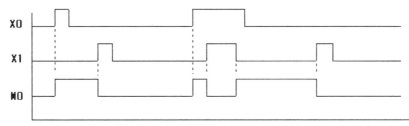

[그림 6-20] 래더 프로그램과 타이밍 차트

각각의 신호를 ON/OFF 할 경우 동작 결과를 살펴보면 다음과 같다.

가. 입력 X0이 ON 되면 내부 릴레이 M0은 ON 된다.

나. 입력 X1이 ON 되면 내부 릴레이 M0은 OFF 된다.

(2) [그림 6-21]과 같이 자기 유지 회로를 이용한다.

   [그림 6-22]은 프로그램과 타이밍 차트를 보여 주고 있다.

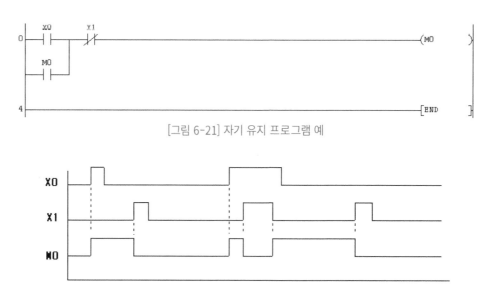

[그림 6-21] 자기 유지 프로그램 예

[그림 6-22] 래더 프로그램과 타이밍 차트

가. X0가 ON 되면 M0가 ON 되어 X0과 병렬로 연결된 M0의 a 접점이 ON 되고, M0은 ON 상태를 계속 유지한다.

이것을 자기 유지라 하고 외부 입력 X0과 병렬로 연결된 a 접점 M0을 자기 유지 집짐이라 한다.

나. X1은 회로에서 b 접점으로 사용되어 평소에는 연결되어 있다.

그러나 이 스위치를 누르면 회로가 차단되어 M0이 OFF 되고 X0과 병렬로 연결된 M0이 OFF 되어 자기 유지가 불리며, 이 접점을 자기 유지 해제 접점이라 한다.

4) 입출력 리스트(I/O List)
(1) 입력 리스트(Input List)

심벌	고유번호	내　　　용
	X0	외부 입력 스위치 0
	X1	외부 입력 스위치 1
	X2	외부 입력 스위치 2
	X3	외부 입력 스위치 3
DC24V	Com1, Com2	X0 ~ X17까지의 입력 Common

[표 6-5] 입력 리스트

(2) 출력 리스트(Output List)

심벌	고유번호	내　　　　　용
	Y0	외부 출력 표시등 0
	Y1	외부 출력 표시등 1
	Com1	Y0 ~ Y7까지의 출력 Common

[표 6-6] 출력 리스트

5) 실습 순서
(1) 결선과 프로그래밍

가. 리드선을 사용하여 입력 리스트와 같이 결선한다.

이때 PLC의 입력 Common 단자에 DC 24V의 +전원을 연결하고, 스위치 블록의 Common 단자에는 DC 24V의 -전원을 연결한다.

나. 리드선을 사용하여 출력 리스트와 같이 결선한다.

이때 PLC의 출력 Common 단자에 DC 24V의 +전원을 연결하고, 램프 블록의 Common 단자에는 DC 24V의 -전원을 연결한다.

다. GX Works2 Software를 실행한 후 새로운 Project를 시작한다.

이때 [그림 6-23]과 같이 시리즈는 FXCPU, 타입은 FX3U를 선택하고 Project Type은 'Simple Project'를 설정한다.

[그림 6-23] Project Type

라. PLC와 컴퓨터 간 통신 케이블을 접속한 후 통신을 연결한다. (ON LINE 설정)

바. [그림 6-24]와 같이 래더 프로그램을 프로그램을 입력한다.

[그림 6-24] 래더 프로그램

바. 프로그램의 컴파일

[그림 6-25]와 같이 메뉴의 'Compile – Build'를 선택하거나, 키보드의 F4 키를 선택하여 프로그램을 컴파일한다.

[그림 6-25] 프로그램 컴파일

사. 프로그램 전송

① 프로그램을 전송하기 전에 PC와 PLC의 통신 케이블 연결 상태를 확인한다.

② 메뉴의 'Online - Write to PLC...'를 선택하거나, 도구 모음의 아이콘을 클릭하면 Online Data Operation 창이 나타난다. 이때 'Parameter + Program' 아이콘을 클릭해서 파라미터와 프로그램을 선택한 후 오른쪽 아래에 위치한 'Execute' 아이콘을 클릭해서 PLC에 다운로드한다.

③ 앞에서 했던 실습 순서와 같은 방법으로 전송 후 CPU를 Stop에서 RUN 모드로 변경한다. 프로그램 작성 창으로 빠져나온다.

(2) 모니터링과 기록하기

가. 프로그램 다운로드가 완료되면 모니터링을 메뉴의 'Online - Monitor - Monitor Mode'를 선택하거나 키보드의 F3 키를 선택하여 모니터링을 시작한다.

나. 외부 입력 스위치 X0을 ON/OFF 한다. 잠시 후 X1을 ON/OFF 한다.
동작을 관찰하고 기록한다.

다. 외부 입력 스위치 X2를 ON/OFF 한다. 어떠한 동작을 하는가?

라. 이번에는 외부 입력 스위치 X3을 ON/OFF 한다. 어떠한 동작을 하는가?

(3) 검토 및 고찰하기

가. 회로를 동작시켜 보고 전체적인 동작 내용을 기록한다.

나. 실습이 끝나면 모든 전원 스위치를 OFF 하고 정리 정돈 한다.

① 실습 순서 9에서 관찰한 내용을 래더 프로그램을 가지고 설명한다.

② 실습 순서 10과 11에서 관찰한 내용을 래더 프로그램을 가지고 설명한다.

③ 실습한 경험으로 자기 유지 회로와 SET, RST 회로를 비교 설명한다.

1) 실습 목적

- 유접점 시퀀스에 대해 PLC의 장점과 특징이 잘 나타난 회로를 입력하고 실행할 수 있다.

2) 준비물

- PLC 트레이너. GX Works2 Software, PC, 필기구

3) 관련 이론

(1) [그림 6-26]과 같이 입력은 프로그램 용량 내에서 얼마든지 중복하여 사용할 수 있다.

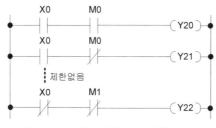

[그림 6-26] 외부 입력 중복 사용 가능

(2) [그림 6-27]과 같이 직렬 또는 병렬로 접속되는 접점의 수에는 제한이 없다.

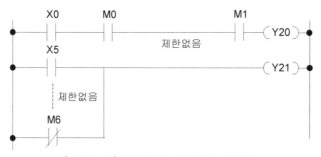

[그림 6-27] 직병렬 접속 접점의 수 무제한

(3) [그림 6-28]과 같이 외부에 접속한 스위치는 a 접점을 사용하였다 하더라도 프로그램에서는
a 접점 또는 b 접점으로 사용할 수 있다.

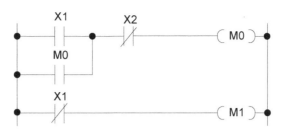

[그림 6-28] 외부 입력 중복 사용 가능

(4) [그림 6-29]와 같이 출력은 중복하여 사용할 수 없다.

　　단, 출력이 병렬로 연결되는 다중 출력은 가능하다.

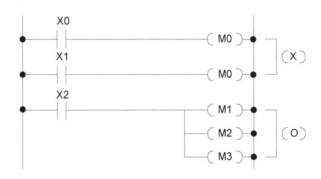

[그림 6-29] 출력 중복 불가능

(5) 내부 출력과 외부 출력의 접점 수에는 제한이 없다.

(6) 퀴즈 표시 회로의 구성.

　　가. 외부 입력 스위치 - 출연자 4명용 버튼 스위치 4개.

　　　　　　　　　　　사회자용 리셋 스위치　　1개.

　　나. 외부 출력　　- 출연자용 표시등　　　4개.

　　　　　　　　　　　출연자용 공통 부저　　1개.

　　다. 퀴즈 표시기는 선행 우선 회로를 사용한다.

4) 입출력 리스트(I/O List)

(1) 입력 리스트(Input List)

심벌	고유번호	내　　　　용
	X00	사회자 리셋 스위치
	X01	1번 출연자 호출 스위치
	X02	2번 출연자 호출 스위치
	X03	3번 출연자 호출 스위치
	X04	4번 출연자 호출 스위치
DC24V	Com1, Com2	X0 ~ X17까지의 입력 Common

[표 6-7] 입력 리스트

(2) 출력 리스트(Output List)

심벌	고유번호	내용
	Y0	출연자용 공통 부저
	Y1	1번 출연자 선택 표시등
	Y2	2번 출연자 선택 표시등
	Y3	3번 출연자 선택 표시등
	Y4	4번 출연자 선택 표시등
DC24V	Com1	Y0 ~ Y7까지의 출력 Common

[표 6-8] 출력 리스트

5) 실습 순서

(1) 결선과 프로그래밍

가. 리드선을 사용하여 입력 리스트와 같이 결선한다.

이때 PLC의 입력 Common 단자에 DC 24V의 +전원을 연결하고, 스위치 블록의 Common 단자에는 DC 24V의 -전원을 연결한다.

나. 리드선을 사용하여 출력 리스트와 같이 결선한다.

이때 PLC의 출력 Common 단자에 DC 24V의 +전원을 연결하고, 램프 블록의 Common 단자에는 DC 24V의 -전원을 연결한다.

다. GX Works2 Software를 실행한 후 새로운 Project를 시작한다.

이때 [그림 6-30]과 같이 시리즈는 FXCPU, 타입은 FX3U를 선택하고 Project Type은 'Simple Project'를 설정한다.

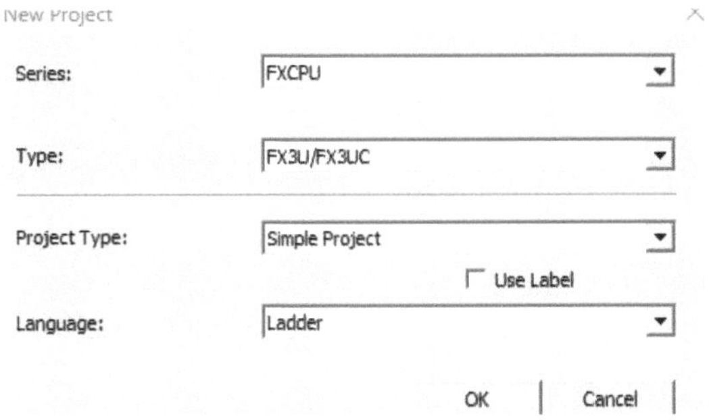

[그림 6-30] Project Type

라. PLC와 컴퓨터 간 통신 케이블을 접속한 후 통신을 연결한다. (ON LINE 설정)

마. [그림 6-31]의 래더 프로그램을 보고 프로그램을 입력한다.

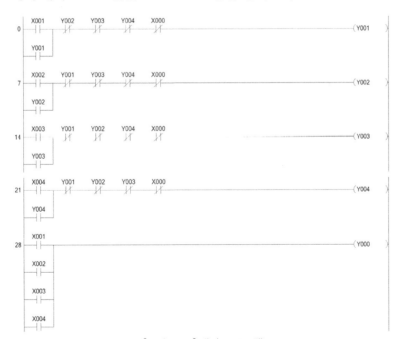

[그림 6-31] 래더 프로그램

바. 프로그램의 컴파일

[그림 6-32]와 같이 메뉴의 'Compile – Build'를 선택하거나, 키보드의 F4 키를 선택하여 프로그램을 컴파일한다.

[그림 6-32] 프로그램 컴파일

사. 프로그램 전송

① 프로그램을 전송하기 전에 PC와 PLC의 통신 케이블 연결 상태를 확인한다.

② 메뉴의 'Online - Write to PLC...'를 선택하거나, 도구 모음의 ⬛ 아이콘을 클릭하면 Online Data Operation 창이 나타난다. 이때 'Parameter + Program' 아이콘을 클릭해서 파라미터와 프로그램을 선택한 후 오른쪽 아래에 위치한 'Execute' 아이콘을 클릭해서 PLC에 다운로드한다.

③ 앞에서 했던 실습 순서와 같은 방법으로 전송 후 CPU를 Stop에서 RUN 모드로 변경한다. 프로그램 작성 창으로 빠져나온다.

(2) 모니터링과 기록하기

가. 프로그램 다운로드가 완료되면 모니터링을 위해 메뉴의 'Online - Monitor - Monitor Mode'를 선택하거나 키보드의 F3 키를 선택하여 모니터링을 시작한다.

나. 1번 출연자 스위치 X1을 누르고, 동작을 기록한다.

다. 2번 출연자 스위치 X2를 누르고, 동작을 기록한다.

라. 계속하여 3, 4번 출연자 스위치 X3, X4도 선택하여 보라. 동작 결과는 어떻게 되는지 관찰하고 설명한다.

마. 사회자용 리셋 스위치X0을 ON/OFF 한다. 동작 결과는 어떻게 되는지 관찰하고 설명한다.

바. 계속하여 출연자 2, 3, 4에 대해서도 위 순서 5에서 8까지를 반복한다.

사. 이번에는 출연자 1, 2, 3, 4를 여럿이 같이 선택하여 보며 관찰한다.

어느 표시등이 점등되었는가?　　　　그 이유는 무엇인가?

아. 사회자용 리셋 스위치 X0을 ON/OFF 한다.

자. 위 실습 순서 4에서 8까지를 여러 번 반복한다.

(3) 검토 및 고찰하기

가. 위 회로를 동작시켜 보고 전체적인 동작 내용을 기록한다.

나. 실습이 끝나면 모든 전원 스위치를 OFF 하고 정리 정돈 한다.

실습 5. PLS와 PLF 명령어

1) 실습 목적
(1) PLS와 PLF 명령의 동작을 이해하고 사용할 수 있다.

(2) 1 Scan Time의 의미를 설명할 수 있다.

(3) PLS와 PLF의 의미를 설명할 수 있다.

2) 준비물
- PLC 트레이너. GX Works2 Software, PC, 필기구

3) 관련 이론
(1) PLS 명령은 입력이 OFF에서 ON으로 변화했을 때, PLF 명령은 입력이 ON에서 OFF로 변화했을 때, 그 시점부터 1 스캔 타임 동안 출력을 ON 한다.

(2) PLS와 PLF 명령은 산술, 응용, 전송 병령의 기동 조건 등에 사용될 수 있디.

(3) PLS와 PLF에 대한 타이밍 차트는 [그림 6-33]과 같다.

가. 타이밍 차트

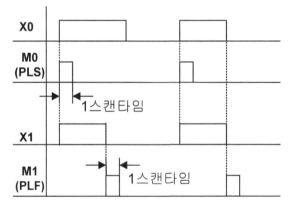

[그림 6-33] PLS, PLF에 대한 타이밍 차트

4) 입출력 리스트(I/O List)

(1) 입력 리스트(Input List)

심벌	고유번호	내 용
	X0	외부 입력 스위치 0
	X1	외부 입력 스위치 1
DC24V	Com1, Com2	X0 ~ X17까지의 입력 Common

[표 6-9] 입력 리스트

5) 실습 순서

(1) 결선과 프로그래밍

가. 리드선을 사용하여 입력 리스트와 같이 결선한다.

이때 PLC의 입력 Common 단자에 DC 24V의 +전원을 연결하고, 스위치 블록의 Common 단자에는 DC 24V의 -전원을 연결한다.

나. 리드선을 사용하여 출력 리스트와 같이 결선한다.

이때 PLC의 출력 Common 단자에 DC 24V의 +전원을 연결하고, 램프 블록의 Common 단자에는 DC 24V의 -전원을 연결한다.

다. GX Works2 Software를 실행한 후 새로운 Project를 시작한다.

이때 [그림 6-34]와 같이 시리즈는 FXCPU, 타입은 FX3U를 선택하고 Project Type은 'Simple Project'를 설정한다.

[그림 6-34] Project Type

라. PLC와 컴퓨터 간 통신 케이블을 접속한 후 통신을 연결한다. (ON LINE 설정)

마. [그림 6-35]의 래더 프로그램을 보고 프로그램을 입력한다.

[그림 6-35] 래더 프로그램

바. 프로그램의 컴파일

[그림 6-36]과 같이 메뉴의 'Compile - Build'를 선택하거나, 키보드의 F4 키를 선택하여 프로그램을 컴파일한다.

[그림 6-36] 프로그램 컴파일

사. 프로그램 전송

① 프로그램을 전송하기 전에 PC와 PLC의 통신 케이블 연결 상태를 확인한다.

② 메뉴의 'Online - Write to PLC...'를 선택하거나, 도구 모음의 ⬛ 아이콘을 클릭하면 Online Data Operation 창이 나타난다. 이때 'Parameter+Program' 아이콘을 클릭해서 파라미터와 프로그램을 선택한 후 오른쪽 아래에 위치한 'Execute' 아이콘을 클릭해서 PLC에 다운로드한다.

③ 앞에서 했던 실습 순서와 같은 방법으로 전송 후 CPU를 Stop에서 RUN 모드로 변경한다. 프로그램 작성 창으로 빠져나온다.

아. 프로그램 다운로드가 완료되면 모니터링을 위해 메뉴의 'Online - Monitor - Monitor Mode'를 선택하거나 키보드의 F3 키를 선택하여 모니터링을 시작한다.

자. 외부 입력 스위치 X0을 약 1초 정도 ON 한 후 OFF 한다.

데이터 레지스터 D0000의 현재값은 얼마인가?

데이터 레지스터 D0001의 현재값은 얼마인가?

차. 외부 입력 스위치 X1을 약 1초 정도 ON 한 후 OFF 한다.

데이터 레지스터 D0002의 현재값은 얼마인가?

데이터 레지스터 D0003의 현재값은 얼마인가?

(3) 검토 및 고찰하기

가. 위 회로를 동작시켜 보고 전체적인 동작 내용을 기록한다.

나. 실습이 끝나면 모든 전원 스위치를 OFF 하고 정리 정돈 한다.

① 위 실습에서 PLS와 PLF의 차이를 말한다.

② 이 PLC의 1 스캔 타임은 얼마인가?

1) 실습 목적
- PLC의 연산 방식 중 리프레시 연산 방식을 이해하고 설명할 수 있다.
- 1 Scan Time의 의미를 설명할 수 있다

2) 준비물
- PLC 트레이너. GX Works2 Software, PC, 필기구

3) 관련 이론
(1) PLC의 입출력 제어 방식은 일괄 처리(Refresh) 방식과 직접 처리(Direct) 방식이 있다.

가. 일괄 처리:
프로그램을 수행하기 전에 입력 모듈의 상태를 읽어 데이터 메모리의 입력 버퍼에 일괄 저상한 후 프로그램을 수행, 결과를 임시 버퍼에 저장했다가 프로그램의 END 명령까지 실행한 뒤에 출력 결과를 출력 모듈에 일괄 출력하는 방식이다.

나. 직접 처리:
입출력 정보를 메모리에 기록하지 않고 연산 도중에 프로그램에 따라 입출력의 정보를 읽고 쓰는 방식이다.

다. 1 Scan이란?
입력 유닛으로부터 접점 상태를 읽어 들여 X 영역에 저장한 후 이를 바탕으로 0000 Step부터 END까지 순차적으로 명령을 실행하고 자기 진단 및 타이머, 카운터 등의 처리를 한 다음 프로그램 실행에 의해 변화된 결괏값을 출력 유닛에 쓰는 데 걸리는 시간을 말한다. [그림 6-37]은 일괄 처리 방식의 1 스캔 프로그램을 보여 주고 있다.

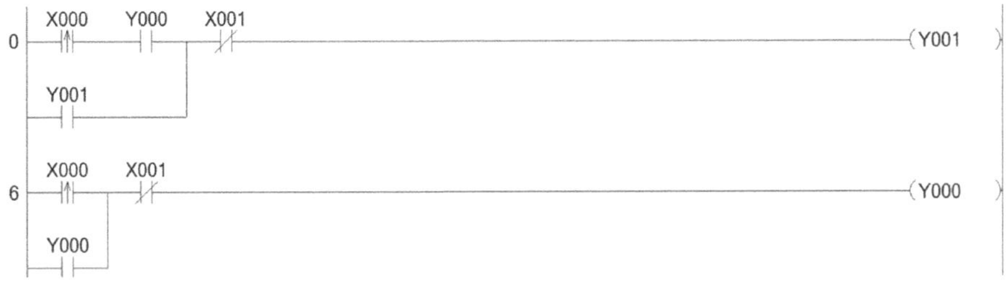

[그림 6-37] 일괄 처리 방식의 1 스캔 프로그램

라. PLS와 PLF 명령은 산술, 응용, 전송 명령의 기동 조건 등에 사용될 수 있다.

4) 입출력 리스트(I/O List)

(1) 입력 리스트(Input List)

심벌	고유번호	내용
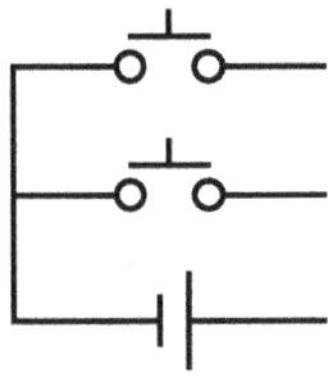	X0	외부 입력 스위치 0
	X1	외부 입력 스위치 1
DC24V	Com1, Com2	X0 ~X17까지의 입력 Common

[표 6-10] 입력 리스트

(2) 출력 리스트(Output List)

심벌	고유번호	내용
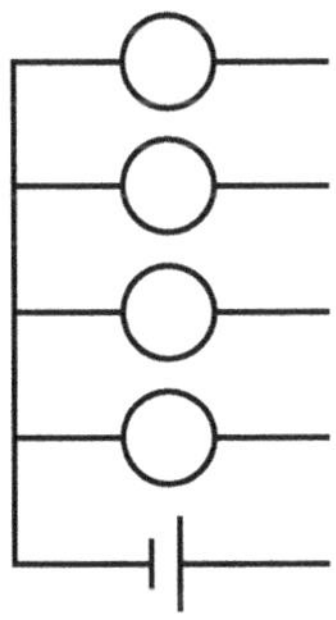	Y0	외부 출력 표시등 0
	Y1	외부 출력 표시등 1
	Y2	외부 출력 표시등 2
	Y3	외부 출력 표시등 3
DC24V	Com1	Y0 ~ Y7까지의 출력 Common

[표 6-11] 출력 리스트

5) 실습 순서

(1) 결선과 프로그래밍

가. 리드선을 사용하여 입력 리스트와 같이 결선한다.

이때 PLC의 입력 Common 단자에 DC 24V의 +전원을 연결하고, 스위치 블록의 Common 단자에는 DC 24V의 -전원을 연결한다.

나. 리드선을 사용하여 출력 리스트와 같이 결선한다.

이때 PLC의 출력 Common 단자에 DC 24V의 +전원을 연결하고, 램프 블록의 Common 단자에는 DC 24V의 -전원을 연결한다.

다. GX Works2 Software를 실행한 후 새로운 Project를 시작한다.

이때 [그림 6-38]과 같이 시리즈는 FXCPU, 타입은 FX3U를 선택하고, Project Type은 'Simple Project'를 설정한다.

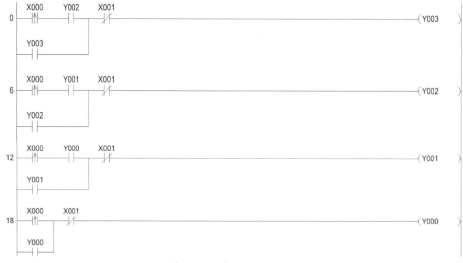

[그림 6-38] Project Type

라. PLC와 컴퓨터 간 통신 케이블을 접속한 후 통신을 연결한다. (ON LINE 설정)

마. [그림 6-39]의 래더 프로그램을 보고 프로그램을 입력한다.

```
     X000   Y002   X001
  0 ─┤↓├───┤├────┤/├─────────────────────────────────────( Y003 )
     Y003
    ─┤├─

     X000   Y001   X001
  6 ─┤↓├───┤├────┤/├─────────────────────────────────────( Y002 )
     Y002
    ─┤├─

     X000   Y000   X001
 12 ─┤↓├───┤├────┤/├─────────────────────────────────────( Y001 )
     Y001
    ─┤├─

     X000   X001
 18 ─┤↓├───┤/├──────────────────────────────────────────( Y000 )
     Y000
    ─┤├─
```

[그림 6-39] 래더 프로그램

바. 프로그램의 컴파일

[그림 6-40]과 같이 메뉴의 'Compile – Build'를 선택하거나, 키보드의 F4 키를 선택하여 프로그램을 컴파일한다.

[그림 6-40] 프로그램 컴파일

사. 프로그램 전송

① 프로그램을 전송하기 전에 PC와 PLC의 통신 케이블 연결 상태를 확인한다.

② 메뉴의 'Online - Write to PLC...'를 선택하거나, 도구 모음의 🖳 아이콘을 클릭하면 Online Data Operation 창이 나타난다. 이때 'Parameter + Program' 아이콘을 클릭해서 파라미터와 프로그램을 선택한 후 오른쪽 아래에 위치한 'Execute' 아이콘을 클릭해서 PLC에 다운로드한다.

③ 앞에서 했던 실습 순서와 같은 방법으로 전송 후 CPU를 Stop에서 RUN 모드로 변경한다. 프로그램 작성 창으로 빠져나온다.

(2) 모니터링과 기록하기

가. 프로그램 다운로드가 완료되면 모니터링을 위해 메뉴의 'Online - Monitor - Monitor Mode'를 선택하거나 키보드의 F3 키를 선택하여 모니터링을 시작한다.

나. 외부 입력 스위치 X0을 약 1초 정도 ON 한 후 OFF 한다

　동작되는 외부 출력은?

다. 외부 입력 스위치 X0을 약 1초 정도 ON 한 후 OFF 한다.

　현재 동작되는 외부 출력은?

라. 외부 입력 스위치 X0을 약 1초 정도 ON 한 후 OFF 한다.

　현재 동작되는 외부 출력은?

마. 외부 입력 스위치 X0을 약 1초 정도 ON 한 후 OFF 한다.
현재 동작되는 외부 출력은 어떤 것이 있는지 관찰한다.

바. 모든 전원 스위치를 OFF하고 정리 정돈 한다.

(3) 검토 및 고찰

가. 위 실습에서 PLS 명령을 사용한 이유를 설명한다.

나. 동작된 내용을 보고 반복 연산 방식에 대해 설명한다.

1) 실습 목적

- 타이머의 사용 가능한 채널 번호를 설명할 수 있다.
- 타이머의 최소 및 최대 설정 시간을 설명할 수 있다.
- 타이머 사용 방법을 설명할 수 있다.

2) 준비물

- PLC 트레이너. GX Works2 Software, PC, 필기구

3) 관련 이론

(1) FX3U PLC의 타이머(T) 번호는, 다음 [표 6-12]와 같다. (번호는 10진수 할당)

	100ms 0.1~3276.7초	10ms 0.01~327.67초	1ms 적산형 [1] 0.001~32.767초	100ms 적산형 [1] 0.1~3276.7초	1ms 적산형 0.001~32.767초
FX3U·FX3UC PLC	T0~T199 200점	T200~T245 46점	T246~T249 4점 인터럽트 실행 Keep용 [1]	T250~T255 6점 Keep용 [1]	T256~T511 256점
	루틴 프로그램용 T192~T199				

[표 6-12] 타이머

(2) 타이머의 설정값은 K1~K32767이며, 설정값이 음수이거나 0일 때는 시한이 무한대가 되어 작동하지 않는다.

(3) [그림 6-41]과 같이 타이머에는 코일이 OFF 했을 때 현재값이 0이 되는 타이머와 코일이 OFF 해도 현재값을 유지하는 적산 타이머가 있다.

[그림 6-41] 타이머의 종류

(4) 타이머는 가산식으로 타이머의 코일이 ON 하면 계측을 시작하고, 현재값이 설정값 이상이 되었을 때 타임업하고 접점이 ON 된다.

(5) 실습 순서에 나오는 래더 프로그램의 다이빙 차트는 [그림 6 42]의 같다.

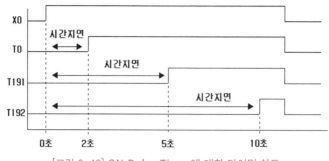

[그림 6-42] ON-Delay Timer에 대한 타이밍 차트

4) 입출력 리스트(I/O List)

(1) 입력 리스트(Input List)

심벌	고유번호	내 용
DC24V	X0	외부 입력 스위치
	Com1, Com2	X0 ~ X17까지의 입력 Common

[표 6-13] 입력 리스트

(2) 출력 리스트(Output List)

심벌	고유번호	내 용
DC24V	Y0	외부 출력 표시등 0
	Y1	외부 출력 표시등 1
	Y2	외부 출력 표시등 2
	Com1	Y0 ~ Y7까지의 출력 Common

[표 6-14] 출력 리스트

5) 실습 순서

(1) 결선과 프로그래밍

가. 리드선을 사용하여 입력 리스트와 같이 결선한다.

PLC의 입력 Common 단자에 DC 24V의 +전원을 연결하고, 스위치 블록의 Common 단자에는 DC 24V의 -전원을 연결한다.

나. 리드선을 사용하여 출력 리스트와 같이 결선한다.

PLC의 출력 Common 단자에 DC 24V의 +전원을 연결하고, 램프 블록의 Common 단자에는 DC 24V의 -전원을 연결한다.

다. GX Works2 Software를 실행한 후 새로운 Project를 시작한다.

[그림 6-43]과 같이 시리즈는 FXCPU, 타입은 FX3U를 선택하고, Project Type은 'Simple Project'를 설정한다.

[그림 6-43] Project Type

라. PLC와 컴퓨터 간 통신 케이블을 접속한 후 통신을 연결한다. (ON LINE 설정)

마. [그림 6-44]의 래더 프로그램을 보고 프로그램을 입력한다.

[그림 6-44] 래더 프로그램

바. 프로그램의 컴파일

[그림 6-45]와 같이 메뉴의 'Compile – Build'를 선택하거나, 키보드의 F4 키를 선택하여 프로그램을 컴파일한다.

[그림 6-45] 프로그램 컴파일

사. 프로그램 전송

① 프로그램을 전송하기 전에 PC와 PLC의 통신 케이블 연결 상태를 확인한다.

② 메뉴의 'Online - Write to PLC...'를 선택하거나, 도구 모음의 아이콘을 클릭하면 Online Data Operation 창이 나타난다. 이때 'Parameter + Program' 아이콘을 클릭해서 파라미터와 프로그램을 선택한 후 오른쪽 아래에 위치한 'Execute' 아이콘을 클릭해서 PLC에 다운로드한다.

③ 앞에서 했던 실습 순서와 같은 방법으로 전송 후 CPU를 Stop에서 RUN 모드로 변경한다. 프로그램 작성 창으로 빠져나온다.

(2) 모니터링과 기록하기

가. 프로그램 다운로드가 완료되면 모니터링을 위해 메뉴의 'Online - Monitor - Monitor Mode'를 선택하거나 키보드의 F3 키를 선택하여 모니터링을 시작한다.

나. 외부 입력 스위치 X0을 약 1초간 ON 한 후 OFF 한다.

점등되는 표시등이 있는지 관찰하고 설명한다.

다. 외부 입력 스위치 X0을 약 15초간 ON/OFF 한다.

어떤 표시등이 점등되는지 관찰한다. 점등되는 표시등을 순서대로 나열한다.

①_____ ②_____ ③_____

라. 외부 입력 스위치 X0을 OFF 한다. 표시등이 소등되는가?

마. PLC의 모든 전원 스위치를 OFF 하고 정리 정돈 한다.

(3) 검토 및 고찰하기

가. 위 회로를 동작시켜 보고 전체적인 동작 내용을 기록한다.

나. 실습이 끝나면 모든 전원 스위치를 OFF 하고 정리 정돈 한다.

① 실습에 사용한 PLC는 타이머를 최대 몇 개까지 사용할 수 있는지 관찰하고 설명한다.

타이머의 최소 설정 시간은 몇 초인가?

② ON-Delay 타이머의 동작을 설명한다.

실습 8. TON을 이용한 플리커 회로

1) 실습 목적
- 타이머의 최소 및 최대 설정 시간 의미를 설명할 수 있다.
- 타이머 사용 방법의 의미를 설명할 수 있다.

2) 준비물
- PLC 트레이너. GX Works2 Software, PC, 필기구

3) 관련 이론
(1) 타이머의 기본 지식은 '실습 7 기본 명령어 TON'을 참조할 것

(2) 플리커 회로란? 타이머의 설정된 시간에 맞추어 ON과 OFF를 반복하는 회로를 말한다.

(3) [그림 6-46]의 타이밍 차트에서 램프가 설정 시간 (T0: OFF 시간, T1: ON 시간)에 맞추어 ON, OFF를 반복하게 된다.

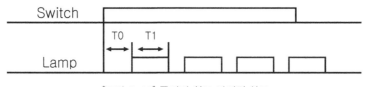

[그림 6-46] 플리커 회로 타이밍 차트

4) 입출력 리스트(I/O List)
(1) 입력 리스트(Input List)

심벌	고유번호	내　　　용
(DC24V)	X0	외부 입력 스위치 0
	X1	외부 입력 스위치 1
	Com1, Com2	X0 ~X17까지의 입력 Common

[표 6-15] 입력 리스트

(2) 출력 리스트(Output List)

심벌	고유번호	내용
(circuit)	Y0	외부 출력 표시등 0
	Y1	외부 출력 표시등 1
	Com1	Y0 ~ Y7까지의 출력 Common

[표 6-16] 출력 리스트

5) 실습 순서

(1) 결선과 프로그래밍

가. 리드선을 사용하여 입력 리스트와 같이 결선한다.

이때 PLC의 입력 Common 단자에 DC 24V의 +전원을 연결하고, 스위치 블록의 Common 단자에는 DC 24V의 -전원을 연결한다.

나. 리드선을 사용하여 출력 리스트와 같이 결선한다.

이때 PLC의 출력 Common 단자에 DC 24V의 +전원을 연결하고, 램프 블록의 Common 단자에는 DC 24V의 -전원을 연결한다.

다. GX Works2 Software를 실행한 후 새로운 Project를 시작한다.

이때 [그림 6-47]과 같이 시리즈는 FXCPU, 타입은 FX3U를 선택하고, Project Type은 'Simple Project'를 설정한다.

[그림 6-47] Project Type

라. PLC와 컴퓨터 간 통신 케이블을 접속한 후 통신을 연결한다. (ON LINE 설정)

마. [그림 6-48]의 래더 프로그램을 보고 프로그램을 입력한다.

[그림 6-48] 래더 프로그램

바. 프로그램의 컴파일

[그림 6-49]와 같이 메뉴의 'Compile – Build'를 선택하거나, 키보드의 F4 키를 선택하여 프로그램을 컴파일한다.

[그림 6-49] 프로그램 컴파일

사. 프로그램 전송

① 프로그램을 전송하기 전에 PC와 PLC의 통신 케이블 연결 상태를 확인한다.

② 메뉴의 'Online - Write to PLC...'를 선택하거나, 도구 모음의 🖳 아이콘을 클릭하면 Online Data Operation 창이 나타난다. 'Parameter + Program' 아이콘을 클릭해서 파라미터와 프로그램을 선택한 후 오른쪽 아래에 위치한 'Execute' 아이콘을 클릭해서 PLC에 다운로드한다.

③ 앞에서 했던 실습 순서와 같은 방법으로 전송 후 CPU를 Stop에서 RUN 모드로 변경한다. 프로그램 작성 창으로 빠져나온다.

(2) 모니터링과 기록하기

가. 프로그램 다운로드가 완료되면 모니터링을 위해 메뉴의 'Online - Monitor - Monitor Mode'를 선택하거나 키보드의 F3 키를 선택하여 모니터링을 시작한다.

나. 외부 입력 스위치 X0를 ON/OFF 한다. T0의 On Delay Timer에 입력 신호가 연결된 후 계측하고 있는 타이머 현재 시간 값이 증가되는지 관찰한다.

나. 램프는 어떻게 동작하는지 관찰하고 설명한다.

라. 외부 입력 스위치 X1을 ON/OFF 한다.

On Delay Timer가 모두 OFF 되고 난 후 램프는 어떻게 동작하는지 관찰하고 설명한다.

(3) 검토 및 고찰하기

가. 회로를 동작시켜 보고 전체적인 동작 내용을 설명하고 기록한다.

나. 실습이 끝나면 모든 전원 스위치를 OFF 하고 정리 정돈 한다.

실습 9. TON을 이용한 OFF-Delay 타이머

1) 실습 목적

- 타이머로 사용 가능한 채널 번호의 의미를 설명할 수 있다.
- 타이머의 최소 및 최대 설정 시간의 의미를 설명할 수 있다.

2) 준비물

- PLC 트레이너. GX Works2 Software, PC, 필기구

3) 관련 이론

(1) 타이머의 기본 지식은 '기본 명령어 TON'을 참조할 것

(2) OFF-Delay 타이머는 순시 동작 한시 복귀 계전기로, 타이머 입력이 성립되는 동안 타이머의 출력은 ON 되고, 입력 조건이 OFF 되면 타이머의 현재치가 설정치로부터 감산되어 현재치가 '0'으로 되는 순간 출력이 OFF 된다. 또한, 리셋 명령을 만나면 타이머 출력은 OFF 되고, 현재치는 '0'이 된다.

(3) Melsec PLC에서는 기본 명령어로서 OFF-Delay 타이머는 없고, [그림 6-50]과 같이 만들어서 사용한다.

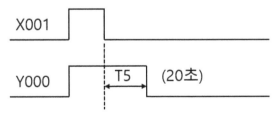

[그림 6-50] OFF-Dleay 타이머 작성

(4) 실습 순서에 나오는 래더 프로그램의 타이밍 차트는 다음 [그림 6-51]과 같다.

[그림 6-51] OFF-Delay Timer에 대한 타이밍 차트

4) 입출력 리스트(I/O List)

(1) 입력 리스트(Input List)

심벌	고유번호	내 용
	X0	외부 입력 스위치 0
DC24V	Com1, Com2	X0 ~ X17까지의 입력 Common

[표 6-17] 입력 리스트

(2) 출력 리스트(Output List)

심벌	고유번호	내 용
	Y0	외부 출력 표시등 0
	Y1	외부 출력 표시등 1
	Y2	외부 출력 표시등 2
DC24V	Com1	Y0 ~ Y7까지의 출력 Common

[표 6-18] 출력 리스트

5) 실습 순서

(1) 결선과 프로그래밍

가. 리드선을 사용하여 입력 리스트와 같이 결선한다.

이때 PLC의 입력 Common 단자에 DC 24V의 +전원을 연결하고, 스위치 블록의 Common 단자에는 DC 24V의 -전원을 연결한다.

나. 리드선을 사용하여 출력 리스트와 같이 결선한다.

이때 PLC의 출력 Common 단자에 DC 24V의 +전원을 연결하고, 램프 블록의 Common 단자에는 DC 24V의 -전원을 연결한다.

다. GX Works2 Software를 실행한 후 새로운 Project를 시작한다.

이때 [그림 6-52]와 같이 시리즈는 FXCPU, 타입은 FX3U를 선택하고, Project Type은 'Simple Project'를 설정한다.

[그림 6-52] Project Type

라. PLC와 컴퓨터 간 통신 케이블을 접속한 후 통신을 연결한다. (ON LINE 설정)

마. [그림 6-53]의 래더 프로그램을 보고 프로그램을 입력한다.

[그림 6-53] 래더 프로그램

바. 래더 프로그램의 타이밍 차트는 [그림 6-54]와 같다.

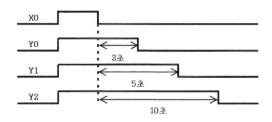

[그림 6-54] 타이밍 차트

사. 프로그램의 컴파일

[그림 6-55]와 같이 메뉴의 'Compile – Build'를 선택하거나, 키보드의 F4 키를 선택하여
프로그램을 컴파일한다.

[그림 6-55] 프로그램 컴파일

아. 프로그램 선송

① 프로그램을 전송하기 전에 PC와 PLC의 통신 케이블 연결 상태를 확인한다.

② 메뉴의 'Online - Write to PLC...'를 선택하거나, 도구 모음의 ⬇️ 아이콘을 클릭하면 Online Data Operation 창이 나타난다. 'Parameter + Program' 아이콘을 클릭해서 파라미터와 프로그램을 선택한 후 오른쪽 아래에 위치한 'Execute' 아이콘을 클릭해서 PLC에 다운로드한다.

③ 앞에서 했던 실습 순서와 같은 방법으로 전송 후 CPU를 Stop에서 RUN 모드로 변경한다. 프로그램 작성 창으로 빠져나온다.

(2) 모니터링과 기록하기

가. 프로그램 다운로드가 완료되면 모니터링을 위해 메뉴의 'Online - Monitor - Monitor Mode'를 선택하거나 키보드의 F3 키를 선택하여 모니터링을 시작한다.

나. 외부 입력 스위치 X0을 ON/OFF 한다.

다. 외부 입력 스위치 X0을 OFF 하고, 2초 후에 Y0에 연결된 표시등이 점등되는지 관찰한다.

라. 외부 입력 스위치 X0을 OFF 하고, 5초 후에 Y1에 연결된 표시등이 점등되는지 관찰한다.

마. 외부 입력 스위치 X0을 OFF 하고, 10초 후에 Y2에 연결된 표시등이 점등되는지 관찰한다.

(3) 검토 및 고찰하기

가. 위 회로를 동작시켜 보고 전체적인 동작 내용을 기록한다.

나. 실습이 끝나면 모든 전원 스위치를 OFF 하고 정리 정돈 한다.

다. 실습에 사용한 PLC 기종(FX3U)에서는 타이머를 최대 몇 개까지 사용할 수 있는지 찾아보고 설명한다. 타이머 설정 시 최소 설정 시간은 어떻게 되는지 관찰하고 설명한다.

라. 실습에서 OFF-Delay Timer가 계측(동작)되고 있는 중에 외부 입력 스위치 X0을 다시 한 번 ON/OFF 하면 어떠한 동작을 하는지 관찰하고 설명한다.

실습 10. TMR 명령어

1) 실습 목적

- 적산 타이머로 사용 가능한 채널 번호를 설명할 수 있다.
- 적산 타이머의 최소 및 최대 설정 시간을 설명할 수 있다.

2) 준비물

P- PLC 트레이너. GX Works2 Software, PC, 필기구

3) 관련 이론

(1) 타이머의 기본 지식은 5장 타이머에 대한 설명을 참조한다.

(2) 적산 타이머는 입력 조건 신호가 ON 되었던 시간을 계측하는 타이머이다.

(3) 타이머의 입력 조건 신호가 ON 하면 계측을 시작하고 설정된 시간을 충족하여 타이머가 타임 업하면 타이머 완료 접점이 ON 한다.

타이머의 입력 조건 신호가 중간에 코일이 OFF 되어도 타이머의 현재값과, 타이머 완료 접점의 ON/OFF 상태를 유지한다.

다시 입력 조건 신호가 ON 하면 유지하고 있던 타이머 현재값부터 계측을 다시 시작하게 된다.

(4) 적산 타이머를 사용할 경우 설정 시간과 사용 가능 범위는 1ms(T246~T249), 100ms(T250~T255), 1ms(T256~T511)이다.

(5) 현재값의 초기화(클리어)와 타이머 완료 접점의 OFF는 RST T 명령으로 실행한다. 타이머(T) 번호는 다음 [표 6-19]와 같다. (번호는 10진수 할당)

	100ms 0.1~3276.7초	10ms 0.01~327.67초	1ms 적산형 0.001~32.767초	100ms 적산형 0.1~3276.7초	1ms 적산형 0.001~32.767초
FX3U·FX3UC PLC	T0~T199 200점 루틴 프로그램용 T192~T199	T200~T245 46점	T246~T249 4점 인터럽트 실행 Keep용	T250~T255 6점 Keep용	T256~T511 256점

[표 6-19] 타이머

[그림 6-56]은 타이머 래더 프로그램 예이다.

[그림 6-56] 타이머 프로그램 예

타이머 코일 T250의 구동 입력 X0가 ON 하면 T250용 현재값 카운터는 100ms 클럭 펄스를 가산 계수해, 그 값이 설정값 K345에 동일해지면 타이머의 출력 접점이 동작한다.

계수 도중에 입력 X0가 OFF 하거나 정전해도 재동작 시는 계수를 속행하며, 그 적산 동작 시간은 34.5초가 된다. Reset 입력 X1이 ON 하면 [그림 6-57]과 같이 타이머는 Reset 되고 출력 접점은 복귀한다.

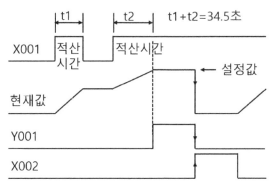

[그림 6-57] 적산 타이머에 대한 타이밍 차트

(6) 적산 타이머를 사용할 경우에는 PLC Parameter의 디바이스 설정에서 적산 타이머의 사용 점수 설정이 필요하다.

4) 입출력 리스트(I/O List)

(1) 입력 리스트(Input List)

심벌	고유번호	내 용
	X0	외부 입력 스위치 0
	X1	외부 입력 스위치 1
DC24V	Com1, Com2	X0 ~ X17까지의 입력 Common

[표 6-20] 입력 리스트

(2) 출력 리스트(Output List)

심벌	고유번호	내 용
(출력 심벌, DC24V)	Y0	외부 출력 표시등
	Com1	Y0 ~ Y7까지의 출력 Common

[표 6-21] 출력 리스트

5) 실습 순서

(1) 결선과 프로그래밍

가. 리드선을 사용하여 입력 리스트와 같이 결선한다.

이때 PLC의 입력 Common 단자에 DC 24V의 +전원을 연결하고, 스위치 블록의 Common 단자에는 DC 24V의 -전원을 연결한다.

나. 리드선을 사용하여 출력 리스트와 같이 결선한다.

이때 PLC의 출력 Common 단자에 DC 24V의 +전원을 연결하고, 램프 블록의 Common 단자에는 DC 24V의 -전원을 연결한다.

다. GX Works2 Software를 실행한 후 새로운 Project를 시작한다.

라. PLC와 컴퓨터 간 통신 케이블을 접속한 후 통신을 연결한다. (ONLINE)

마. [그림 6-58]의 래더 프로그램을 보고 GX Works2를 사용하여 프로그램을 입력한다.

[그림 6-58] 래더 프로그램

바. 프로그램의 컴파일

[그림 6-59]와 같이 메뉴의 'Compile – Build'를 선택하거나 키보드의 F4 키를 선택하여 프로그램을 컴파일한다.

[그림 6-59] 프로그램 컴파일

사. 프로그램 전송

① 프로그램을 전송하기 전에 PC와 PLC의 통신 케이블 연결 상태를 다시 한번 확인한다.

② 메뉴의 'Online - Write to PLC...'를 선택하거나 도구 모음의 ⬛ 아이콘을 클릭하면 Online Data Operation 창이 나타난다. 'Parameter + Program' 아이콘을 클릭해서 파라미터와 프로그램을 선택한 후 오른쪽 아래에 위치한 'Execute' 아이콘을 클릭해서 PLC에 다운로드한다.

③ 앞에서 했던 실습 순서와 같은 방법으로 전송 후 CPU를 Stop에서 RUN 모드로 변경한 다. 프로그램 작성 창으로 빠져나온다.

(2) 모니터링과 기록하기

가. 프로그램 다운로드가 완료되면 모니터링을 위해 메뉴의 'Online - Monitor - Monitor Mode'를 선택하거나 키보드의 F3 키를 선택하여 모니터링을 시작한다.

나. PC 모니터를 보면서 외부 입력 스위치 X0을 약 3초간 ON/OFF 한다.
현재 타이머의 값을 기록한다. 그리고 램프(표시등)의 상태는 어떻게 되는지 관찰하고 설명한다.

① T250 :

② M0 :

③ Y0 :

④ X0 :

다. 다시 외부 입력 스위치 X0을 약 3초간 ON/OFF 한다.

라. 현재 타이머의 값을 기록한다.

그리고 램프(표시등)의 상태는 어떻게 되는지 관찰하고 설명한다.

① T250 :

② M0 :

③ Y0 :

④ X0 :

마. 다시 외부 입력 스위치 X0을 약 3초간 ON/OFF 한다.

현재 타이머의 값을 기록한다. 그리고 램프(표시등)의 상태는 어떻게 되는지 관찰하고 설명한다.

① T250 :

② M0 :

③ Y0 :

④ X0 :

바. 외부 입력 스위치 X1을 ON/OFF 한다.

현재 타이머의 값을 기록한다. 그리고 램프(표시등)의 상태는 어떻게 되는지 관찰하고 설명한다.

① T250 :

② M0 :

③ Y0 :

④ X0 :

사. 외부 입력 스위치 X0을 5초간 ON/OFF 한다.

아. PLC 전원 스위치를 ON/OFF 하였다 다시 ON 하고 난 후 T250의 현재값을 모니터링한다. 정전되기 전의 현재값을 유지하는지 관찰하고 설명한다.

자. PLC의 모든 전원 스위치를 OFF 하고 정리 정돈 한다.

(3) 검토 및 고찰

가. 실습에 사용한 PLC는 타이머를 최대 몇 개까지 사용할 수 있는지 관찰하고 설명한다.
사용 가능한 타이머의 최소 설정 시간은 몇 초인지 설명한다.

나. 위 실습에서 외부 입력 스위치 X0을 약 3초 정도 ON 하고 OFF 하면 어떠한 동작을 하는
지 관찰하고 설명한다.
다시 외부 입력 스위치 X0을 약 3초 정도 ON 하면 어떠한 동작을 하는지 관찰하고 설명한다.

실습 11. CTU 명령어

1) 실습 목적

- UP 카운터의 채널 번호를 의미를 설명할 수 있다.
- UP 카운터의 설정치를 의미를 설명할 수 있다.

2) 준비물

- PLC 트레이너. GX Works2 Software, PC, 필기구

3) 관련 이론

(1) 다음 [표 6-22]는 카운터 사용 범위 채널 번호이다.

	16Bit Up Counter 0 ~ 32,767 Counter	
	일반용	정전 보존용 (Battery Keep)
FX3U~FX3UC PLC	C0~C99 100점	C100~C199 100점

[표 6-22] 채널 번호

(2) 카운터는 카운터 입력, 리셋 입력 순으로 입력한다.

(3) 카운터의 설정은 K0~K32767회까지 설정 가능하다.

(4) 카운터 입력이 들어올 때마다 경과치가 1씩 증가되며 경과치가 설정치로 되면 출력이 ON 된다.

카운트 업 후에는 입력 신호가 있어도 카운트하지 않는다.

(5) 한 번 카운트 업하면 RST 명령이 실행될 때까지 접점 상태나 현재값(카운터의 카운트 값)이 변하지 않는다.

(6) 카운트 업하기 전에 RST 명령을 실행하면 현재값이 '0'으로 바뀐다.

(7) 설정값의 설정에는 K에 의한 직접 설성 이외에 D(데이터 레지스터)에 의한 간접 설정이 있다.

(8) 실습 순서에서 사용한 래더 프로그램의 타이밍 차트는 [그림 6-60]과 같다.

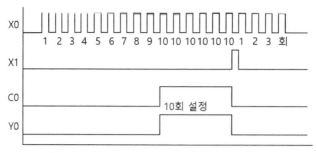

[그림 6-60] 업 카운터(CTU)에 대한 타이밍 차트

4) 입출력 리스트(I/O List)

(1) 입력 리스트(Input List)

심벌	고유번호	내 용
	X0	외부 입력 스위치 0
	X1	외부 입력 스위치 1
DC24V	Com1, Com2	X0 ~ X17까지의 입력 Common

[표 6-23] 입력 리스트

(2) 출력 리스트(Output List)

심벌	고유번호	내 용
	Y0	외부 출력 표시등
DC24V	Com1	Y0 ~ Y7까지의 출력 Common

[표 6-24] 출력 리스트

5) 실습 순서

(1) 결선과 프로그래밍

가. 리드선을 사용하여 입력 리스트와 같이 결선한다.

이때 PLC의 입력 Common 단자에 DC 24V의 +전원을 연결하고, 스위치 블록의 Common 단자에는 DC 24V의 -전원을 연결한다.

나. 리드선을 사용하여 출력 리스트와 같이 결선한다.

이때 PLC의 출력 Common 단자에 DC 24V의 +전원을 연결하고, 램프 블록의 Common 단자에는 DC 24V의 -전원을 연결한다.

다. GX Works2 Software를 실행한 후 새로운 Project를 시작한다.

라. PLC와 컴퓨터 간 통신 케이블을 접속한 후 통신을 연결한다. (ONLINE)

마. 아래 [그림 6-61]의 래더 프로그램을 보고 프로그램을 입력한다.

[그림 6-61] 래더 프로그램

바. 프로그램의 컴파일

[그림 6-62]와 같이 메뉴의 'Compile – Build'를 선택하거나 키보드의 F4 키를 선택하여 프로그램을 컴파일한다.

[그림 6-62] 프로그램 컴파일

사. 프로그램 전송

① 프로그램을 전송하기 전에 PC와 PLC의 통신 케이블 연결 상태를 확인한다.

② 메뉴의 'Online - Write to PLC...'를 선택하거나 도구 모음의 ![icon] 아이콘을 클릭하면 Online Data Operation 창이 나타난다. 'Parameter + Program' 아이콘을 클릭해서 파라미터와 프로그램을 선택한 후 오른쪽 아래에 위치한 'Execute' 아이콘을 클릭해서 PLC에 다운로드한다.

③ 앞에서 했던 실습 순서와 같은 방법으로 전송 후 CPU를 Stop에서 RUN 모드로 변경한다. 프로그램 작성 창으로 빠져나온다.

(2) 모니터링과 기록하기

가. 프로그램 다운로드가 완료되면 모니터링을 위해 메뉴의 'Online - Monitor - Monitor Mode'를 선택하거나 키보드의 F3 키를 선택하여 모니터링을 시작한다.

나. 카운터 입력 스위치 X0을 10회 ON/OFF 한다. 동작 결과를 관찰하고 설명한다.

다. 계속하여 입력 스위치 X0을 15회까지 ON/OFF 하고 출력의 변화를 관찰하고 설명한다.

라. 리셋 입력 스위치 X1을 ON/OFF 한다. 어떠한 변화가 있는지 관찰하고 설명한다.

마. 업 카운터를 모니터링하며 실습 순서를 반복해서 수행한다. 관찰한 동작을 기록한다.

바. 카운터 입력 스위치 X0을 5회 ON/OFF 한다. 그리고 PLC의 전원 스위치를 OFF 했다가 다시 ON 한다.

사. 카운터의 현재값을 모니터링한다. 카운터의 현재값(경과치)이 5회로 기억되어 있는지 관찰하고 설명한다.

아. PLC의 모든 전원 스위치를 OFF 하고 정리 정돈 한다.

(3) 검토 및 고찰하기

가. 실습에 사용된 프로그램을 동작시켜 보고 전체적인 동작 내용을 기록한다.

나. 실습이 끝나면 모든 전원 스위치를 OFF 하고 정리 정돈 한다.

다. 업 카운터의 최대 설정치는 얼마인가?

라. 업 카운터의 사용 가능한 접점 번호 범위는 어떻게 되는지 관찰하고 설명한다.

마. 카운터의 현재값(경과치)이 설정치에 도달한 이후에도 카운터 입력 신호가 ON 되면 어떠한 현상이 벌어지는지 관찰하고 설명한다.

실습 12. UP/DOWN COUNTER 명령어

1) 실습 목적

- UP/DOWN 카운터의 채널 번호의 의미를 설명할 수 있다.
- UP/DOWN 카운터의 설정치를 이해하고 활용할 수 있다.

2) 준비물

- PLC 트레이너. GX Works2 Software, PC, 필기구

3) 관련 이론

(1) 다음 [표 6-25]는 카운터 사용 범위 채널 번호이다.

	32Bit Up/Down Counter -2,147,483,648 ~ +2,147,483,648 Counter	
	일반용	정전 보존용 (Battery Keep)
FX3U·FX3UC PLC	C200~C219 20점	C220~C234 15점

[표 6-25] 채널 번호

(2) 카운터는 카운터 입력, 리셋 입력순으로 입력한다.

(3) 카운터의 설정은 K-2147483648 ~ 2147483648회까지(10진 정수) 설정 가능하다.

　　UP/DOWN의 방향은 특수 보조 릴레이 M8200 ~ M8234에 의해 지정한다.

　　UP/Down 전환용 보조 릴레이가 ON으로 Down Count, OFF로 Up Count 한다.

Counter No.	방향전환	Counter No.	방향전환	Counter No.	방향전환	Counter No.	방향 전환
C200	M8200	C210	M8210	C220	M8220	C230	M8230
C201	M8201	C211	M8211	C221	M8221	C231	M8231
C202	M8202	C212	M8212	C222	M8222	C232	M8232
C203	M8203	C213	M8213	C223	M8223	C233	M8233
C204	M8204	C214	M8214	C224	M8224	C234	M8234
C205	M8205	C215	M8215	C225	M8225		
C206	M8206	C216	M8216	C226	M8226		
C207	M8207	C217	M8217	C227	M8227		
C208	M8208	C218	M8218	C228	M8228		
C209	M8209	C219	M8219	C229	M8229		

[표 6-26] 카운터의 설정

(4) 카운터 입력이 들어올 때마다 경과치가 1씩 증가되며 경과치가 설정치로 되면 출력이 ON 된다.

(5) 출력 접점의 동작과는 관계없는 것으로 현재값은 증감하지만 2,147,483,647으로부터 UP COUNT 하면 -2,147,483,648이 되며, 같은 방법으로-2,147,483,648으로부터 DOWN COUNT 하면 2,147,483,647이 된다. 이러한 동작을 링 카운터라고 한다.

(6) 카운트 업하기 전에 RST 명령을 실행하면 현재값이 '0'으로 바뀌며 출력 접점도 OFF 한다.

(7) 설정값의 설정에는 K에 의한 직접 설정 이외에 D(데이터 레지스터)에 의한 간접 설정이 있다.

(8) 실습 순서에서 사용한 래더 프로그램의 타이밍 차트는 다음 [그림 6-63]과 같다.

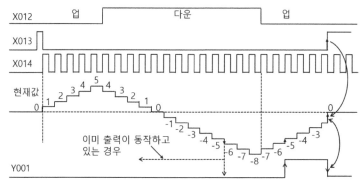

[그림 6-63] 업다운 카운터에 대한 타이밍 차트

4) 입출력 리스트(I/O List)

(1) 입력 리스트(Input List)

심벌	고유번호	내 용
(기호)	X12	외부 입력 스위치 0 (UP/DOWN 방향 전환 스위치)
	X13	외부 입력 스위치 1 (리셋 스위치)
	X14	외부 입력 스위치 2 (카운터 스위치)
DC24V	Com1, Com2	X0 ~ X17까지의 입력 Common

[표 6-27] 입력 리스트

(2) 출력 리스트(Output List)

심벌	고유번호	내 용
(기호)	Y1	외부 출력 표시등 (카운터 출력 표시등.)
DC24V	Com1	Y0 ~ Y7까지의 출력 Common

[표 6-28] 출력 리스트

5) 실습 순서

(1) 결선과 프로그래밍

가. 리드선을 사용하여 입력 리스트와 같이 결선한다.

PLC의 입력 Common 단자에 DC 24V의 +전원을 연결하고, 스위치 블록의 Common 단자에는 DC 24V의 -전원을 연결한다.

나. 리드선을 사용하여 출력 리스트와 같이 결선한다.

PLC의 출력 Common 단자에 DC 24V의 +전원을 연결하고, 램프 블록의 Common 단자에는 DC 24V의 -전원을 연결한다.

다. GX Works2 Software를 실행한 후 새로운 Project를 시작한다.

라. PLC와 컴퓨터 간 통신 케이블을 접속한 후 통신을 연결한다. (ONLINE)

마. [그림 6-64]의 래더 프로그램을 보고 프로그램을 입력한다.

[그림 6-64] 래더 프로그램

바. 프로그램의 컴파일

[그림 6-65]와 같이 메뉴의 'Compile - Build'를 선택하거나 키보드의 F4 키를 선택하여 프로그램을 컴파일한다.

[그림 6-65] 프로그램 컴파일

사. 프로그램 전송

① 프로그램을 전송하기 전에 PC와 PLC의 통신 케이블 연결 상태를 다시 한번 확인한다.

② 메뉴의 'Online - Write to PLC...'를 선택하거나 도구 모음의  아이콘을 클릭하면

Online Data Operation 창이 나타난다. 'Parameter + Program' 아이콘을 클릭해서 파라미터와 프로그램을 선택한 후 오른쪽 아래에 위치한 'Execute' 아이콘을 클릭해서 PLC에 다운로드한다.

③ 앞에서 했던 실습 순서와 같은 방법으로 전송 후 CPU를 Stop에서 RUN 모드로 변경한다. 프로그램 작성 창으로 빠져나온다.

(2) 모니터링과 기록하기

가. 프로그램 다운로드가 완료되면 모니터링을 위해 메뉴의 'Online - Monitor - Monitor Mode'를 선택하거나 키보드의 F3 키를 선택하여 모니터링을 시작한다.

나. 카운터 입력 스위치 X14을 10회 ON/OFF 한다. 동작 결과는 어떠한지 관찰하고 설명한다.

다. 리셋 입력 스위치 X13을 ON/OFF 한다. 어떠한 변화가 있는지 관찰하고 설명한다.

라. 카운터 입력 스위치 X12를 누르고, X14를 10회 ON/OFF 한다. 동작 결과는 어떠한지 관찰하고 설명한다.

마. 다시 카운터 입력 스위치 X14를 ON/OFF 한다. 동작 결과는 어떠한지 관찰하고 설명한다.

바. 업다운 카운터를 모니터 되게 하고 위 실습 순서를 반복한다.

모든 신호들과 카운터 접점 등의 상태 동작을 기록한다.

(3) 검토 및 고찰하기

가. 실습에서 사용된 프로그램을 동작시켜 보고 전체적인 동작 내용을 기록한다.

나. 실습이 끝나면 모든 전원 스위치를 OFF 하고 정리 정돈 한다.

다. 업다운 카운터의 최대 설정치는 얼마인지 관찰하고 설명한다.

라. 카운터의 현재치가 설정치에 도달한 이후에 카운터 입력이 들어오면 어떻게 되는지 관찰하고 설명한다.

실습 13. 1상 입력 UP/DOWN 카운터(UDCNT1)

1) 실습 목적

(1) 1상 1계수 입력 고속 카운터의 동작을 이해하고 활용할 수 있다.

(2) 1상 1계수 입력 고속 카운터의 사용 방법을 설명할 수 있다.

2) 준비물

- PLC 트레이너. GX Works2 Software, PC, 필기구

3) 관련 이론

	입력 신호 형식	계수 방향
1상 1계수 입력	UP/DOWN ⊓⊔⊓⊔⊓⊔⊓⊔	M8235~M8245의 ON/OFF에 의해 Down Count 또는 Up Count를 지정할 수 있습니다. ON: Down Count OFF: Up Count

[표 6-29] 입력 신호 형식

(1) 32Bit Up/Down Counter의 고속 카운터를 내장하고 있다.

(2) 계수의 방법에 따라 하드웨어 카운터와 소프트웨어 카운터로 구분된다.

(3) 고속 카운터 안에는 외부 Reset 입력 단자나 외부 Start 입력 단자(계수 개시)를 선택할 수 있다.

(4) 고속 카운터의 계수에 의한 구분

  - 하드웨어 카운터: 계수를 하드웨어에 의해 실시한다.

  - 소프트웨어 카운터: 계수를 CPU의 인터럽트 처리에 의해 실시한다.

(5) 고속 카운터의 입력 할당

  - 입력 단자의 할당(X0 ~ X7), (X0 ~ X5 : 5s, X6 ~ X7 : 50s)

  - 고속 카운터로서 사용하지 않는 입력 단사는 일반의 입력으로 사용 가능

(6) 고속 카운터의 디바이스 일람

H/W: Hardware Counter	S/W: Software Counter	U: Up Input
D: Down Input	R: 외부 Reset 입력	S: 외부 Start 입력

(7) 1상 1계수 입력 카운터의 Up/Down Counter 변환용 디바이스

(8) 실습 순서에서 사용한 래더 프로그램의 타이밍 차트는 [그림 6-66]과 같다.

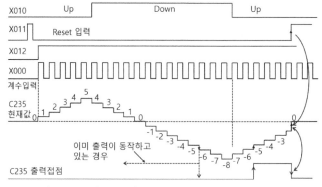

[그림 6-66] 1상 업/다운 카운터에 대한 타이밍 차트

- C235는 X12가 ON 하고 있을 때에 입력 X0의 OFF→ON를 계수하면 UP 카운트 한다.
- X11이 ON 하면 RST 명령의 실행 시 Reset 된다.
- M8235 ~ M8245의 ON/OFF에 의해 카운터 C235 ~ C245는 Down/Up으로 변환하고, C235는 X12가 ON 하고 있을 때에 입력 X0의 OFF→ON를 계수하면 Down 카운트 한다.

즉 M8235 ~ M8245 ON 시 C235 ~ C245는 Down Counter

  M8235 ~ M8245 OFF 시 C235 ~ C245는 UP Counter이다.

4) 입출력 리스트(I/O List)

(1) 입력 리스트(Input List)

심벌	고유번호	내 용
	X00	카운트 입력 계수 스위치
	X10	업/다운 변환용 스위치
	X11	카운터 리셋 스위치
	X12	카운터 스위치
DC24V	COM	X0 ~ X17까지의 입력 Common

[표 6-30] 입력 리스트

(2) 출력 리스트(Output List)

심벌	고유번호	내용
DC24V	Y0	외부 출력 표시등
	COM	Y0 ~ Y17까지의 출력 Common

[표 6-31] 출력 리스트

5) 실습 순서

(1) 결선과 프로그래밍

가. 리드선을 사용하여 입력 리스트와 같이 결선한다.

이때 PLC의 입력 Common 단자에 DC 24V의 +전원을 연결하고, 스위치 블록의 Common 단자에는 DC 24V의 −전원을 연결한다.

나. 리드선을 사용하여 출력 리스트와 같이 결선한다.

이때 PLC의 출력 Common 단자에 DC 24V의 +전원을 연결하고, 램프 블록의 Common 단자에는 DC 24V의 -전원을 연결한다.

다. GX Works2 Software를 실행한 후 새로운 Project를 시작한다.
라. PLC와 컴퓨터 간 통신 케이블을 접속한 후 통신을 연결한다. (ON LINE)
마. [그림 6-67]의 래더 프로그램을 보고 입력한다.

[그림 6-67] 래더 프로그램

바. 프로그램의 컴파일

[그림 6-68]과 같이 메뉴의 'Compile − Build'를 선택하거나, 키보드의 F4 키를 선택하여 프로그램을 컴파일한다.

[그림 6-68] 프로그램 컴파일

사. 프로그램 전송

① 프로그램을 전송하기 전에 PC와 PLC의 통신 케이블 연결 상태를 확인한다.

② 메뉴의 'Online - Write to PLC…'를 선택하거나 도구 모음의 아이콘을 클릭하면 Online Data Operation 창이 나타난다. 'Parameter + Program' 아이콘을 클릭해서 파라미터와 프로그램을 선택한 후 오른쪽 아래에 위치한 'Execute' 아이콘을 클릭해서 PLC에 다운로드한다.

③ 앞에서 했던 실습 순서와 같은 방법으로 전송 후 CPU를 Stop에서 RUN 모드로 변경한다. 프로그램 작성 창으로 빠져나온다.

⑦ 프로그램 다운로드가 완료되면 모니터링을 위해 메뉴의 'Online - Monitor - Monitor Mode'를 선택하거나 키보드의 F3 키를 선택하여 모니터링을 시작한다.

⑧ 스위치 X10을 ON 한다.

⑨ 카운터 입력 스위치 X00을 5회 ON/OFF 한다. 동작 결과는 어떻게 되는지 관찰하고 설명한다.

⑩ 계속하여 스위치를 10회까지 선택해 보고, 출력에 변화가 있는지 관찰하고 설명한다.

⑪ 다운 설정 스위치 X01을 ON 하며 X00를 반복해서 ON/OFF 한다. 어떠한 변화가 있는지 관찰하고 설명한다.

⑫ 다운 카운터를 모니터링하면서 실습 순서를 반복하고 동작을 기록한다.

⑬ 카운터 입력 스위치를 X00을 3회 ON/OFF 한다. 그리고 PLC의 전원 스위치를 OFF 했다가 다시 ON 한다.

⑭ 카운터를 모니터링한다. 현재 값(3회)이 기억되어 있는지 관찰하고 설명한다.

(3) 검토 및 고찰하기

가. 위 회로를 동작시켜 보고 전체적인 동작 내용을 기록한다.

나. 실습이 끝나면 모든 전원 스위치를 OFF하고 정리 정돈 한다.

다. 1상 입력 업/다운 카운터(UDCNT1)의 동작을 업 카운터와 비교하여 설명한다.

라. 1상 입력 업/다운 카운터가 사용될 수 있는 경우를 말한다.

실습 14. 2상 입력 고속 카운터

1) 실습 목적

- 2상 2계수 입력 고속 카운터의 동작을 설명할 수 있다.
- 2상 2계수 입력 고속 카운터의 사용 방법을 설명할 수 있다.

2) 준비물

- PLC 트레이너. GX Works2 Software, PC, 필기구

3) 관련 이론

2상 2계수 입력		입력 신호 형식		계수 방향
	1체배	A상 +1 +1 B상 정회전시	A상 -1 -1 B상 역회전시	좌측 그림과 같이 A상/B상의 입력 상태 변화에 의해 자동적으로 Up Count 또는 Down Count 한다. 그 계수 방향은 M8251~M8255에 의해 확인할 수 있다. ON: Down Count OFF: Up Count
	4체배	+1+1+1+1+1 A상 B상 +1+1+1+1 정회전시	-1 -1 -1 -1 -1 A상 B상 -1 -1 -1 -1 역회전시	

[표 6-32] 입력 신호 형식

(1) 32Bit Up/Down Counter의 고속 카운터를 내장하고 있다. 1상 고속 카운터와 동일

(2) 계수의 방법에 따라 하드웨어 카운터와 소프트웨어 카운터로 구분된다.

(3) 고속 카운터 안에는 외부 Reset 입력 단자나 외부 Start 입력 단자(계수 개시)를 선택할 수 있다.

(4) 고속 카운터의 계수에 의한 구분

- 하드웨어 카운터: 계수를 하드웨어에 의해 실시한다.
- 소프트웨어 카운터: 계수를 CPU의 인터럽트 처리에 의해 실시한다.

(5) 고속 카운터의 입력 할당

- 입력 단자의 할당(X0 ~ X7), (X0 ~ X5 : 5s, X6 ~ X7 : 50s)
- 고속 카운터로써 사용하지 않는 입력 단자는 일반의 입력으로 사용 가능

(6) 고속 카운터의 디바이스 입력

구분		카운터 번호	1체배/4체배	데이터 길이	외부Reset 입력 단자	외부Start 입력 단자
2상2계수입력	하드웨어 카운터	C251	1체배	32Bit Up/Down 카운터	없음	없음
			4체배			
		C253	1체배		있음	
			4체배			
	소프트웨어 카운터	C252	1체배		있음	없음
			4체배			
		C253(OP)	1체배		없음	
			4체배			
		C254 C255	1체배		있음	있음
			4체배			

[표 6-33] 고속 카운터의 디바이스

구분	카운터 번호	구분	입력 단자의 할당							
			X000	X001	X002	X003	X004	X005	X006	X007
2상 2계수 입력	C251	H/W	A	B						
	C252	S/W	A	B	R					
	C253	H/W				A	B	R		
	C253(OP)	S/W				A	B			
	C254	S/W	A	B	R				S	
	C255	S/W				A	B	R		S

[표 6-34] 2상 2계수 입력

H/W: Hardware Counter   S/W: Software Counter   U: Up Input

D: Down Input   R: 외부 Reset 입력   S: 외부 Start 입력

A: A상 입력   B: B상 입력

(7) 2상 2계수 입력 카운터의 Up/Down Counter 변환용 디바이스

구분	카운터 번호	모니터용 디바이스	Up Counter	Down Counter
2상 2계수 입력	C251	M8251	OFF	ON
	C252	M8252		
	C253	M8253		
	C254	M8254		
	C255	M8255		

[표 6-35] 2상 2계수 입력 카운터

(8) 실습 순서에서 사용한 래더 프로그램의 타이밍 차트는 다음 [그림 6-69]와 같다.

- 2상식 Encoder 90° 위상차가 있는 A상, B상의 출력을 발생한다. 이것에 의해 고속 카운 터는 [그림 6-69]와 같이 자동적으로 Up/Down을 실행한다.

- 1체배로 동작하고 있을 때

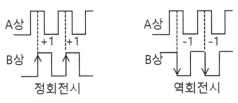

[그림 6-69] 2상 업/다운 카운터에 대한 타이밍 차트

- X11이 ON 하고 있을 때 C251은 입력 X0(A상), X1(B상)의 동작을 인터럽트 해서 카운트한다.
- 계수 방향에 의해 M8251 ON(Down), OFF(Up) 한다.

4) 입출력 리스트(I/O List)

(1) 입력 리스트(Input List)

심벌	고유번호	내 용
	X0	카운트 입력용 입력 번호 (A상 펄스)
	X1	카운트 입력용 입력 번호 (B상 펄스)
	X10	카운트 리셋 스위치
	X11	카운트 입력 스위치
DC24V	Com1, Com2	X0 ~ X17까지의 입력 Common

[표 6-36] 입력 리스트

(2) 출력 리스트(Output List)

심벌	고유번호	내 용
	Y0	외부 출력 표시등 0
	Y1	방향 전환용 출력
DC24V	Com1	Y0 ~ Y7까지의 출력 Common

[표 6-37] 출력 리스트

5) 실습 순서

(1) 결선과 프로그래밍

가. 리드선을 사용하여 입력 리스트와 같이 결선한다.

이때 PLC의 입력 Common 단자에 DC 24V의 +전원을 연결하고, 스위치 블록의 Common 단자에는 DC 24V의 -전원을 연결한다.

나. 리드선을 사용하여 출력 리스트와 같이 결선한다.

이때 PLC의 출력 Common 단자에 DC 24V의 +전원을 연결하고, 램프 블록의 Common 단자에는 DC 24V의 -전원을 연결한다.

다. GX Works2 Software를 실행한 후 새로운 Project를 시작한다.

라. PLC와 컴퓨터 간 통신 케이블을 접속한 후 통신을 연결한다. (ON LINE)

마. [그림 6-70]의 래더 프로그램을 보고 프로그램을 입력한다.

[그림 6-70] 래더 프로그램

바. 프로그램의 컴파일

[그림 6-71]과 같이 메뉴의 'Compile - Build'를 선택하거나, 키보드의 F4 키를 선택하여 프로그램을 컴파일한다.

[그림 6-71] 프로그램 컴파일

사. 프로그램 전송

① 프로그램을 전송하기 전에 PC와 PLC의 통신 케이블 연결 상태를 확인한다.

② 메뉴의 'Online - Write to PLC...'를 선택하거나, 도구 모음의 ![icon] 아이콘을 클릭하면

Online Data Operation 창이 나타난다. 'Parameter + Program' 아이콘을 클릭해서 파라미터와 프로그램을 선택한 후 오른쪽 아래에 위치한 'Execute' 아이콘을 클릭해서 PLC에 다운로드한다.

③ 앞에서 했던 실습 순서와 같은 방법으로 전송 후 CPU를 Stop에서 RUN 모드로 변경한다. 프로그램 작성 창으로 빠져나온다.

(2) 모니터링과 기록하기

가. 프로그램 다운로드가 완료되면 모니터링을 위해 메뉴의 'Online - Monitor - Monitor Mode'를 선택하거나 키보드의 F3 키를 선택하여 모니터링을 시작한다.

나. 2상 2계수 입력 업/다운 카운터의 현재값과 Y0 표시등의 상태는 어떻게 되는지 관찰하고 설명한다.

① C251 현재값:

② Y0 상태:

③ X10 상태:

④ X11 상태:

다. 카운터 입력 신호 X11을 ON 하고 A상 펄스 입력 스위치 X0가 ON 된 상태에서 B상 펄스 입력 스위치 X1을 ON 하여 5회 ON→OFF 한다.

※ A상 펄스 ON (X0) 상태에서 B상 펄스 ON (X1) → UP 카운트 1회

라. 카운터 C251의 현재값과 Y0 표시등의 상태는 어떻게 되는지 관찰하고 설명한다.

① C251 현재값:

② Y0 상태:

③ X10 상태:

④ X11 상태:

마. A상 펄스와 B상 펄스를 5회 더 OFF→ON 한다.

카운터 C251의 현재값과 Y0 표시등의 상태는 어떻게 되는지 관찰하고 설명한다.

① C251 현재값:

② Y0 상태:

③ X10 상태:

④ X11 상태:

바. B상 펄스 입력 스위치 X1를 ON 시킨 후 A상 펄스 입력 스위치 X0을 3회 ON→OFF 한다.

카운터 C251의 현재값과 Y0 표시등의 상태는 어떻게 되는지 관찰하고 설명한다.

※ B상 펄스 ON (X1) 상태에서 A상 펄스 ON (X0) → Down 카운트 1회

① C251 현재값:

② Y0 상태:

③ X10 상태:

④ X11 상태:

사. 카운트 리셋 스위치 (X10)를 ON/OFF 한다.

카운터 C251의 현재값과 Y0 표시등의 상태는 어떻게 되는지 관찰하고 설명한다.

① C251 현재값:

② Y0 상태:

③ X10 상태:

④ X11 상태:

아. PLC의 모든 전원 스위치를 OFF 하고 정리 정돈 한다.

(3) 검토 및 고찰

- 위에서 실습한 결과를 토대로 업/다운 카운터의 동작을 설명한다.

어떤 상태에서 카운터 출력이 ON 되는지 확인하고 설명한다.

1) 실습 목적

- 시스템 클럭을 발생하는 특수 내부 출력들의 종류와 동작을 알고 활용할 수 있다.
- 시스템 카운터의 동작을 알고 회로에 응용할 수 있다.

2) 준비물

- PLC 트레이너. GX Works2 Software, PC, 필기구

3) 관련 이론

(1) 특수 내부 출력. M8002(최초 1 스캔 ON)

가. CPU가 STOP 상태에서 RUN 상태로 바뀔 때 최초의 1 스캔 타임 동안만 ON 상태를 유지한다.

나. [그림 6-72]와 같이 프로그램의 초기 리셋을 위해 사용한다.

1 스캔 타임 동안 ON

[그림 6-72] 최초 1 스캔

(2) 특수 내부 출력. M8011(0.01초 클럭)

가. [그림 6-73]과 같이 프로그램 실행 중 5ms마다 ON/OFF가 반전된다.

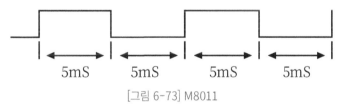

[그림 6-73] M8011

나. 전원 OFF 또는 RESET 시에는 OFF에서 시작한다.

(3) 특수 내부 출력. M8012(0.1초 클럭)

가. 프로그램 실행 중 50ms마다 ON/OFF 상태가 반전된다.

나. [그림 6-74]와 같이 전원 OFF 또는 RESET 시에는 OFF에서 시작한다.

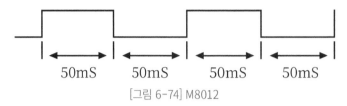

[그림 6-74] M8012

(4) 특수 내부 출력. M8013(1초 클럭)

가. 프로그램 실행 중 500ms마다 ON/OFF 상태가 반전된다.

나. [그림 6-75]와 같이 전원 OFF 또는 RESET 시에는 OFF에서 시작한다.

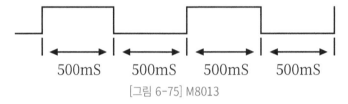

[그림 6-75] M8013

(5) 특수 내부 출력. M8014(1분 클럭)

가. 프로그램 실행 중 30s마다 ON/OFF 상태가 반전된다.

나. [그림 6-76]과 같이 전원 OFF 또는 RESET 시에는 OFF에서 시작한다.

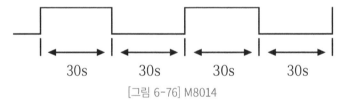

[그림 6-76] M8014

(6) 시스템 클럭

번호 · 명칭	동작 · 기능
PC상태	
[M]8000 RUN 모니터 a 접점	
[M]8001 RUN 모니터 b 접점	
[M]8002 초기 펄스 a 접점	
[M]8003 초기 펄스 b 접점	
[M]8004 Error 발생	· FX3U, FX3UC 　- M8060, M8061, M8064, M8065, M8066, M8067 중 한쪽이 ON하고 있을 때 ON · FX1S, FX1N, FX2N, FX1NC, FX2NC 　- M8060, M8061, M8063, M8064, M8065, M8066, M8067 중 한쪽이 ON 하고 있을 때 ON
[M]8005 Battery 전압 저하	Battery 전압 이상 저하 중에 ON
[M]8006 Battery 전압 저하 Latch	Battery 전압 이상 저하를 검출 시 SET
[M]8007 순간 정지 검출	순간 정지 검출 시, 1스캔 ON M8007이 ON 해도, 전원 전압이 저하하고 있는 시간이 D8008 시간 이내인 경우는 PLC의 운전을 계속합니다.
[M]8008 정전 검출 중	순간 정지 검출 시 SET해, 전원 전압이 저하하고 있는 시간이 D8008 시간 이상인 경우, M8008을 RESET해, PLC의 운전을 STOP(M8000=OFF)합니다.
[M]8009 DC24V 다운	증설 유니트, 증설용 전원 유니트 중 하나가 DC24V로 다운되어 있을 때에 동작

[표 6-38] 시스템 자기 진단

번호·명칭	동작·기능
클럭	
[M]8010	사용 불가
[M]8011 10ms 클럭	10ms 주기에 ON/OFF(ON: 5ms, OFF: 5ms)
[M]8012 100ms 클럭	100ms 주기에 ON/OFF(ON: 50ms, OFF: 50ms)
[M]8013 1s 클럭	1s 주기에 ON/OFF(ON: 500ms, OFF: 500ms)
[M]8014 1min 클럭	1min 주기에 ON/OFF(ON: 30s, OFF: 30s)
M8015	계시 정지 및 Preset Real time clock용
M8016	시각 읽기 표시의 정지 Real time clock용
M8017	±30초 보정 Real time clock용
[M]8018	장착 검출(상시 ON) Real time clock용
M8019	Real time clock(RTC) Error Real time clock용

[표 6-39] 시스템 클럭

4) 입출력 리스트(I/O List)

(1) 입력 리스트(Input List)

심벌	고유번호	내용
	X0	외부 입력 스위치 0
	X1	외부 입력 스위치 1
	X2	외부 입력 스위치 2
DC24V	Com1, Com2	X0 ~ X17까지의 입력 Common.

[표 6-40] 입력 리스트

(2) 출력 리스트(Output List)

심 벌	고유번호	내용
	Y0	외부 출력 표시등 0
	Y1	외부 출력 표시등 1
DC24V	Com1	Y0 ~ Y7까지의 출력 Common

[표 6-41] 출력 리스트

5) 실습 순서

(1) 결선과 프로그래밍

가. 리드선을 사용하여 입력 리스트와 같이 결선한다.

이때 PLC의 입력 Common 단자에 DC 24V의 +전원을 연결하고, 스위치 블록의 Common 단자에는 DC 24V의 -전원을 연결한다.

나. 리드선을 사용하여 출력 리스트와 같이 결선한다.

이때 PLC의 출력 Common 단자에 DC 24V의 +전원을 연결하고, 램프 블록의 Common 단자에는 DC 24V의 -전원을 연결한다.

다. GX Works2 Software를 실행한 후 새로운 Project를 시작한다.

라. PLC와 컴퓨터 간 통신 케이블을 접속한 후 통신을 연결한다. (ON LINE)

마. [그림 6-77]의 래더 프로그램을 입력한다.

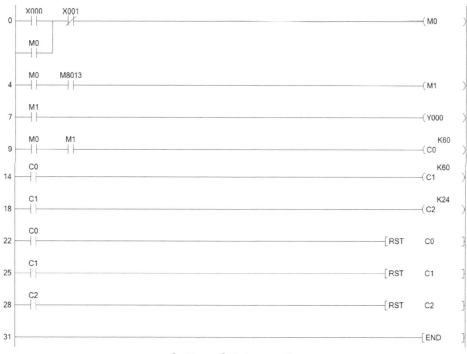

[그림 6-77] 래더 프로그램

바. 프로그램의 컴파일

[그림 6-78]과 같이 메뉴의 'Compile – Build'를 선택하거나, 키보드의 F4 키를 선택하여
프로그램을 컴파일한다.

[그림 6-78] 프로그램 컴파일

사. 프로그램 전송

① 프로그램을 전송하기 전에 PC와 PLC의 통신 케이블 연결 상태를 확인한다.

② 메뉴의 'Online - Write to PLC…'를 선택하거나 도구 모음의 ▧ 아이콘을 클릭하면
Online Data Operation 창이 나타난다. 'Parameter + Program' 아이콘을 클릭해서
파라미터와 프로그램을 선택한 후 오른쪽 아래에 위치한 'Execute' 아이콘을 클릭해서
PLC에 다운로드한다.

③ 앞에서 했던 실습 순서와 같은 방법으로 전송 후 CPU를 Stop에서 RUN 모드로 변경한
다. 프로그램 작성 창으로 빠져나온다.

(2) 모니터링과 기록하기

가. 프로그램 다운로드가 완료되면 모니터링을 위해 메뉴의 'Online - Monitor - Monitor Mode'를 선택하거나 키보드의 F3 키를 선택하여 모니터링을 시작한다.

나. 프로그램의 카운터(C000)를 모니터하면서 타이머 스타트 스위치 X0을 ON/OFF 한다. 출력 표시등 Y0의 동작 결과는 어떻게 되는지 관찰하고 설명한다.

다. 업 카운터 C000의 동작을 관찰하고 기록한다.

라. 출력 표시등 Y0의 동작과 어떠한 관계가 있는지 관찰하고 설명한다.

마. 업 카운터 C001은 어떤 경우에 1이 카운트되는지 관찰하고 설명한다.

바. 업 카운터 C002는 어떤 경우에 카운트되는지 관찰하고 설명한다.

사. 외부 입력 스위치 X1을 ON/OFF 한다. 동작 결과는 어떻게 되는지 관찰하고 설명한다.

아. PLC의 모든 전원 스위치를 OFF 하고 정리 정돈 한다.

(3) 검토 및 고찰하기

가. 프로그램을 동작시켜 보고 전체적인 동작 내용을 기록한다.

나. 실습이 끝나면 모든 전원 스위치를 OFF 하고 정리 정돈 한다.

다. 실습에서 사용한 특수 내부 출력 M8013 대신에 M8012을 사용한다면 업 카운터 C000의 설정치는 얼마로 하여야 하는지 설정해서 실험한 후 관찰하고 설명한다.

1) 실습 목적

- MC, MCR이 사용되는 경우를 설명할 수 있다.
- MC, MCR의 사용법을 설명할 수 있다

2) 준비물

- PLC 트레이너. GX Works2 Software, PC, 필기구

3) 관련 이론

(1) MC, MCR 명령은 모선을 제어하는 접점에 사용하며 반드시 쌍으로 사용한다. [그림 6-79]
    프로그램은 마스터 컨트롤의 기본적인 형태를 보여 주고 있다.

[그림 6-79] MC, MCR 명령

(2) `MC N☐ M☐` ~ `MCR N☐` (이하 MC~MCR로 한다) 이 명령에서 네스팅(N) 번호는 N0~N15
    까지 총 16개를 사용할 수 있다.

(3) MC~MCR에서의 스캔 타임은 거의 변하지 않는다.

(4) 전체 회로에서 사용 가능한 MCS 열람 수는 8개(0~7) 이내로 작성하여야 한다.

   (네스팅은 7레벨까지 가능하다. 8레벨 이상이 되면 문법 에러가 된다.)

(5) MC~MCR에서 프로그램의 장치 상태는 다음과 같이 된다.

   ① 모두 OFF로 되는 것: OUT 명령

   ② 그 상태를 유지하는 것: SET, RST, SFT 명령, 카운터 값, 적산 타이머 값

   ③ 수치가 0으로 되는 것: 100ms 타이머, 10ms 타이머

(6) [그림 6-80] 마스터 컨트롤의 접점은 래더 작성 시에 직접 입력할 필요할 필요는 없다. 래더를 작성하고 메뉴의 'Compile – Build'를 한 후 모니터 모드로 전환하면 [그림 6-80]과 같이 자동으로 삽입된다.

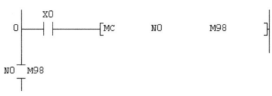

[그림 6-80] 마스터 컨트롤

(7) 다음 [그림 6-81]과 같이 모선을 접점으로 제어하고자 할 경우 MC, MCR을 이용하여 [그림 6-82]와 같이 바꿀 수 있다.

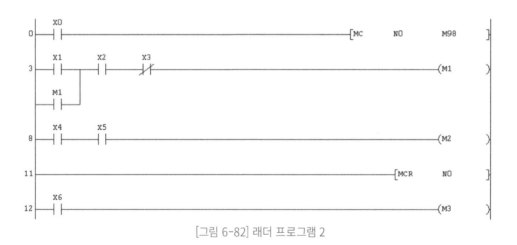

[그림 6-81] 래더 프로그램 1

[그림 6-82] 래더 프로그램 2

다시 말해서, 모선 내에 다시 내부 모선이 필요할 경우에 내부 모선의 시작(MC)과 끝(MCR)을 다시 한번 더 지정해 주게 된다.

4) 입출력 리스트(I/O List)

(1) 입력 리스트(Input List)

심벌	고유번호	내용
	X0	외부 입력 스위치 0
	X1	외부 입력 스위치 1
	X2	외부 입력 스위치 2
	X3	외부 입력 스위치 3
	X4	외부 입력 스위치 4
DC24V	Com1, Com2	X0 ~ X17까지의 입력 Common

[표 6-42] 입력 리스트

(2) 출력 리스트(Output List)

심벌	고유번호	내용
	Y0	외부 출력 표시등 0
	Y1	외부 출력 표시등 1
	Y2	외부 출력 표시등 2
	Y3	외부 출력 표시등 3
DC24V	Com1	Y0 ~ Y7까지의 출력 Common

[표 6-43] 출력 리스트

5) 실습 순서

(1) 결선과 프로그래밍

가. 리드선을 사용하여 입력 리스트와 같이 결선한다.

이때 PLC의 입력 Common 단자에 DC 24V의 +전원을 연결하고, 스위치 블록의 Common 단자에는 DC 24V의 -전원을 연결한다.

나. 리드선을 사용하여 출력 리스트와 같이 결선한다.

이때 PLC의 출력 Common 단자에 DC 24V의 +전원을 연결하고, 램프 블록의 Common 단자에는 DC 24V의 -전원을 연결한다.

다. GX Works2 Software를 실행한 후 새로운 Project를 시작한다.

라. PLC와 컴퓨터 간 통신 케이블을 접속한 후 통신을 연결한다. (ON LINE)

마. [그림 6-83]의 래더 프로그램을 프로그램을 입력한다.

[그림 6-83] 래더 프로그램 3

바. 프로그램의 컴파일

[그림 6-84]와 같이 메뉴의 'Compile – Build'를 선택하거나 키보드의 F4 키를 선택하여 프로그램을 컴파일한다.

[그림 6-84] 프로그램 컴파일

사. 프로그램 전송

① 프로그램을 전송하기 전에 PC와 PLC의 통신 케이블 연결 상태를 확인한다.

② 메뉴의 'Online - Write to PLC...'를 선택하거나 도구 모음의  아이콘을 클릭하면

Online Data Operation 창이 나타난다. 'Parameter + Program' 아이콘을 클릭해서 파라미터와 프로그램을 선택한 후 오른쪽 아래에 위치한 'Execute' 아이콘을 클릭해서 PLC에 다운로드한다.

③ 앞에서 했던 실습 순서와 같은 방법으로 전송 후 CPU를 Stop에서 RUN 모드로 변경한다. 프로그램 작성 창으로 빠져나온다.

(2) 모니터링과 기록하기

가. 프로그램 다운로드가 완료되면 모니터링을 위해 메뉴의 'Online - Monitor - Monitor Mode'를 선택하거나 키보드의 F3 키를 선택하여 모니터링을 시작한다.

나. 외부 입력 스위치 X0을 ON/OFF 한 후 동작을 관찰하고 기록한다.

다. 외부 입력 스위치 X1을 ON/OFF 한 후 동작을 관찰하고 기록한다.

라. 외부 입력 스위치 X3을 ON/OFF 한 후 동작을 관찰하고 기록한다.

마. 외부 입력 스위치 X2를 ON 한 상태에서 X3을 ON/OFF 한다.

이때 신호들의 동작 상태를 관찰하고 기록한다.

X2가 ON 된 상태에서 X4 입력 신호를 ON/OFF 한 후 동작을 관찰하고 기록한다.

바. 외부 입력 스위치 X2를 누른 상태에서 X3을 ON/OFF 한다. 이때 신호들의 동작 상태를 관찰하고 기록한다.

사. 관찰하고 기록한 후 X2를 OFF 한다. 이때 신호들의 동작 상태를 관찰하고 기록한다.

(3) 검토 및 고찰하기

가. 실습 프로그램을 동작시켜 보고 전체적인 동작 내용을 기록한다.

나. 실습이 끝나면 모든 전원 스위치를 OFF 하고 정리 정돈 한다.

다. 실습한 결과를 토대로 MC와 MCR의 용도와 동작 상태를 정리하고 설명한다.

1) 실습 목적

- 포토 센서와 근접 센서의 동작을 각각 이해하고 설명할 수 있다.
- 전동기의 회전수를 제어할 수 있다.

2) 준비물

- PLC 트레이너. GX Works2 Software, PC, 필기구

3) 관련 이론

(1) 센서

센서(sensor)는 이미 오래전부터 사용되어 왔다. 예를 들어 나침반을 이용하여 이미 오래전부터 항해를 하며 방위를 감지했으며 온도 역시 알 수 있었다. 아울러 센서란 인간의 오감(시각, 청각, 후각, 미각, 촉각) 대신에 그 역할을 할 수 있도록 한 기기이며, 인간의 오감으로 느낄 수 없는 자연현들, 예를 들자면 적외선 등의 전자파나 초음파 등을 검출할 수도 있다.

또한, 자기장이나 전기장과도 같은 전기적인 신호도 검출할 수 있다. 아울러 최근에는 인텔리전트 센서와 같은 CPU 내장형 등 복잡 다양성을 보유하고 있으며 인간의 오감의 기능을 훨씬 뛰어넘는 기능을 가진 복잡 다양한 센서들이 계속 개발되고 있다.

(2) 센서의 정의

센서를 좀 더 쉽게 정의하자면, [그림 6-85]와 같이 "온도, 압력, 유량 등과 같은 물리량이나 pH와 같은 화학량의 절댓값이나 변화량 또는 소리, 빛, 전파의 강도를 검지하여 유용한 신호로 변환하는 장치"로 정의할 수 있다. 여기서 유용한 신호란 제어 장치가 인식할 수 있는 신호 즉 "전기적인 신호"라고 볼 수 있다.

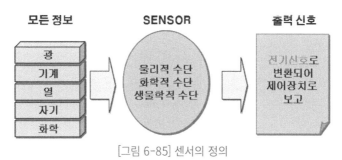

[그림 6-85] 센서의 정의

즉 "시인 상태의 모든 정보를 검출하는 장치이며, 그 검출량을 전기적인 신호로 변환하여 제어 장치(controller)로 보고하는 장치"라고 요약할 수 있다.

(3) 트랜스듀서

센서라는 용어와 유사하게 사용되고 있는 트랜스듀서(transducer)가 있다. 센서와 트랜스듀서를 엄격하게 구별하는 것은 그리 쉽지 않다. 만약에 구분을 한다면 다음과 같이 구분할 수 있다.

가. 센서는 외계에서 발생되는 물리 화학량의 절댓값 또는 변화량을 검지하는 기기다.

나. 트랜스듀서는 검지된 측정량에 대하여 처리할 수 있는 신호로 출력해 주는 변환기라고 할 수 있으며, 그 역할은 측정하고 싶은 양(예를 들면, 밝고 어두움, 따뜻하고 차가움: 대략적인 양이며 느끼는 사람에 따라 다를 수 있는 양)을 **취급이 간단한 양**(예를 들면, 전기, 힘, 길이 등: 딱 떨어지는 값이며 5V, 10kg, 1m 등 양의 크기가 사람에 따라 변하지 않음)으로 바꾸는 의미로 사용되었다고 볼 수 있다.

다. 오늘날의 센서는 대부분의 경우 전기 신호로 바꾸는 것을 의미한다.

라. 즉 센서는 목적 대상의 상태에 관한 정보를 채취하는 장치이고, 트랜스듀서는 목적 대상의 상태량을 측정 가능한 물리량의 신호로 변환하는 장치인 것이다.

마. 센서와 트랜스듀서는 기능이 상호 겹치는 부분이 많으므로 엄격히 트랜스듀서로서 강조하고 싶은 경우를 제외하고는 모두 센서라고 표현한다.

바. 또한, 트랜스듀서와 더불어 트랜스미터(Transmitter)가 있는데, 이는 트랜스듀서에 의해 변환된 아날로그 전기 신호를 전송하는 장치이다.

(4) 인간의 오감과 센서

앞에서 설명하였듯 센서는 제어 장치에서 인간의 눈, 귀, 피부, 코, 혀와 같은 오감의 역할을 대신하고 있으며 인간의 오감의 기능을 능가하는 감각기관으로써의 역할까지 수행하고 있다.

[표 6-44]는 인간의 감각기관에 대응하는 센서들을 열거한 것이다.

인간의 오감	센서에 이용되는 특성 예	에너지 형태
청각, 촉각	위치, 속도, 기속도, 힘, 압력, 응력, 변형, 유체 흐름, 질량, 밀도, 모멘트, 토크, 형상, 방위, 점도	역학적 에너지 (mechanical)
시각, 촉각	복사 강도, 에너지, 파장, 진폭, 위상, 투과율, 편광	복사 에너지 (radiant)
촉각	열, 온도, 열 속(flux)	열에너지 (thermal)

	자계 세기, 모멘트, 투자율, 자속 밀도	자기 에너지 (magnetic)
후각, 미각	농도, 반응율, 산화환원전위, 생물학적 특성	화학 에너지 (chemical)
	전압, 전류, 저항, 정전용량, 주파수	전기 에너지 (electrical)

[표 6-44] 외부 자극의 종류

(5) 센서의 목적

센서의 사용 목적은 다음 3가지로 요약할 수 있다.

가. 정보의 수집

수치, pattern, 지식 정보의 취득, 수집을 목적으로 한다.

나. 계량 계측

과학 연구에 있어서 계측/관측 또는 제조나 상거래에 필요한 계량에서 '측정'에 의한 정확한 정량적 수치 정보를 제공한다.

다. 탐지/탐사

특정의 목적을 위해서 측정 대상물의 상태를 탐지하여 정보화 한다.

라. 감시/경보/보호

시스템이나 장치에 대해 상태를 감시하여 이상의 검출, 위험의 예고, 이상/위험시의 경보 신호 및 보호 장치를 가동시키기 위한 신로를 발생시키게 함으로써 운전 및 안전관리를 가능케 한다.

마. 검사/진단

생산 제품 특성이 저격성, 인체의 이상 경도 등의 판정에 필요한 세측을 한다.

(6) 리드 스위치

리드스위치는, 1936년 미국 BELL 연구소에서 개발되어 1940년대에는 항공기나 병기에, 1956년에는 전화 교환기에 사용되었다. 리드 스위치는 응답 속도가 빠르고 유리에 밀봉 삽입되어 접촉 신뢰성이 높으며 지금도 전자 제어 장치, 기계 제어 장치 등 자동 기기의 스위칭 소자로써 널리 활용되고 있다.

리드 스위치의 기본 구조는 [그림 6-86]과 같이 백금, 금, 루테늄, 로듐 등의 귀금속으로 이루어지는 접점 도금을 한 자성체 리드 편을 적당히 접점 간격을 유지하도록 하고 유리관 중에 질소와 수소 혼합 가스와 같은 불활성 가스와 함께 봉입한 것이다.

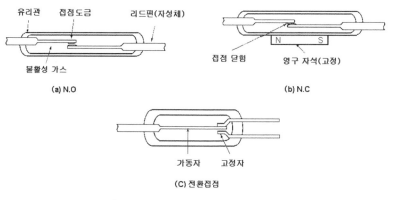

[그림 6-86] 각종 리드 스위치의 구조

접점 형식에 따라 [그림 6-86-1]과 같이 접점이 열린 상태를 유지한 노멀 오픈형(N.O : Normal Open)과 [그림 6-86-2]와 같이 바이어스용 영구 자석을 부가해서 접점을 닫은 상태로 유지한 노멀 크로즈형(N.C : Normal Close), [그림 6-86-3]과 같이 고정 접점 2개를 배치한 트랜스퍼형 등이 제작되고 있다. 리드의 겹친 부분은 전기 접점으로서의 역할과 동시에 자기 접점으로서 역할도 하고 있다.

리드 스위치의 동작 원리는 막대 자석을 리드 스위치에 접근시키면 연질 강자성 재료의 리드 편은 자계의 방향에 따라 자화되어 리드편이 N극, S극을 갖게 되어 접점부는 서로 끌어당기는 이극 유기가 일어난다. 자기적 흡인력이 리드의 기계적 탄성력을 능가하면 접점을 연결하는 전류가 흐르게 된다. 외부 자계가 없어지면 자기를 띠고 있지 않던 최초의 상태로 복귀하고 회로는 오픈된다.

[그림 6-87]은 자석의 설치 면에 따른 응답 특성을 보여 주며, 그림에서 알 수 있듯이 두 개 혹은 세 개의 감지 특성이 자극 면의 위치에 따라 나타내는데, 이처럼 애매한 출력 신호는 자석의 올바른 부착에 의해 방지될 수 있으며 정확한 거리를 측정할 수 있다.

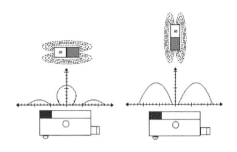

[그림 6-87] 자극에 따른 감지 거리

이와 같은 리드 스위치는 다음과 같은 특성을 갖고 있다.

① 접점부가 완전히 차단되어 있으므로 가스 중, 액체 중, 고온 고습 환경에서 안정하게 동작한다.

② ON/OFF 동작 시간이 비교적 빠르고(< 1ms), 반복 정밀도가 우수하다(± 0.2㎜).

③ 사용 온도 범위가 넓다(-270 ~ +150℃).

④ 내 전압 특성이 우수하다(> 10kV).

⑤ 동작 수명이 길다.

⑥ 소형, 경량, 저가격이다.

이러한 리드 스위치는 자동차, 가전 기기, 계측 기기 등에 널리 사용되고 있으며, 최근에는 비교적 가벼운 부하의 개폐로부터 중부하의 개폐 쪽으로 용도가 확대되고 있다. 그러나 리드 스위치의 사용에 있어서 다음과 같은 주의가 필요하다.

① 유리관이 하우징재로써 사용되고 있으므로 강한 외부 응력은 피한다.

② 과도의 충격을 가하지 않는다.

③ 부하 조건으로 수명이 크게 좌우되므로 사용 조건에 맞춘 검토가 필요하다.

(7) 근접 센서

근접 센서란 센서의 검출 면에 접근하는 물체, 혹은 근방에 존재하는 물체의 유무를 전자계의 에너지를 이용하여 기계적 접촉 없이 검출하는 센서를 말한다.

(8) 유도형 근접 센서

유도형 근접 센서는 자계를 이용하여 검출하는 센서로 1958년 독일의 화학회사에서 개발된 것을 근간으로 하고 있다.

가. 구조 동작 원리

유도형 근접 센서는 발진 회로, 검파 회로, 적분 회로, 증폭 회로, 출력 회로로 구성되어 있다.

① 센서에 전원이 공급되면 LC 발진 회로에 의한 고주파의 자장이 검출 면에서 발진이 시작되고 이를 위한 일정 크기의 전류가 흐르게 된다.

② 이때 검출 면에 전기적 도체가 접근하면 전자유도에 의한 와전류가 도체 내에 발생되고, 이 와전류는 검출 코일에서 발생하는 자속의 변화를 방해하는 방향으로 발생하게 되어 발진 진폭이 감쇠 또는 정지되는 것을 이용하여 검출 물체의 유/무를 검출하게 된다.

③ 초기 전원 투입 후 약 80ms 이내에 전압의 진동 폭이 일정한 주파수대로 올라가며 전기적인 자장이 형성된다. 그리고 검출 물체가 접근하면 검출 물체의 와전류가 증가함에 따라 전압의 진동 폭이 작아지게 되고, 완전히 검출된 상태가 되면 0V에 가깝게 된다.

④ 발진 감쇠 현상은 검파 회로에 의해 포착되어 적분 회로와 증폭 회로를 거쳐 2진 신호 형태로 출력된다.

나. 검출 거리

표준 검출 물체가 검출 면에 접근하여 출력 신호가 ON 되는 점을 검출 거리(Sn)라 하며, 각 모델의 검출 거리는 표준 검출 물체를 사용하여 얻어진 수치이다.

① 응차 거리는 검출체가 천천히 접근하거나 미세하게 진동해서 발생할 수 있는 센서의 채터링 현상을 방지하기 위해 설정한 거리이다.

② 실무에 적용하기 위한 실 검출 거리(Sw)를 계산하기 위해서는 검출 대상의 재질, 크기, 환경에 따라 달라지므로 적절한 보정 계수를 적용하여야 한다. [표 6-45]는 재질에 따른 보정 계수를 나타낸다.

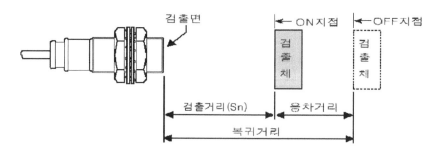

[그림 6-88] 근접 센서 검출 거리

재질	보정 계수
연철	1.0
크롬 니켈 강	0.7~0.9
황동	0.35~0.5
알루미늄	0.35~0.5
구리	0.25~0.4

[표 6-45] 재질에 따른 보정 계수

다. 설정 거리

온도, 전압, 기타 환경과 같은 외부 영향에 의한 검출 거리 변동 요인을 포함하여 안정하게 사용할 수 있는 검출 면과 표준 검출 물체의 통과 위치까지의 간격을 말하며, 통상 정격 검출 거리의 70%가 된다.

라. 응답 주파수

표준 검출 물체를 반복하여 접근시켰을 때 오동작 없이 감지하고 출력을 낼 수 있는 매초당 검출 횟수를 말하며, 통상 Hz로 나타낸다. 일반적으로 센서의 검출 면이 클수록 응답 주파수는 낮아지며, 교류 전원용 센서보다 직류 전원용 센서의 응답 주파수가 높다.

마. 출력 형식

근접 센서의 출력 형식에는 PNP(positive switching)형과 NPN(negative switching)형이 있다. 일반적으로 positive switching 근접 센서는 PNP 트랜지스터에 의한 출력 회로로 구성되어 있다. NPN 트랜지스터에 의한 positive switching을 갖는 근접 센서의 출력 회로 구성도 가능하다.

① PNP 출력

직류 전원을 사용하는 PNP(소스) 출력의 근접 센서는 양의 전원을 출력으로 한다. 즉 센서의 출력단에 부하를 연결할 때, 부하의 다른 한쪽은 0V 선에 연결하여야 한다.

② NPN(싱크) 출력을 갖는 근접 센서의 출력은 음의 전원을 출력한다. 즉 센서의 출력단에 부하를 연결할 때, 부하의 다른 한쪽은 전원의 +단자에 연결하여야 한다.

(9) 용량형 근접 센서

용량형 근접 센서는 전계 중에 존재하는 전하 이동과 분리에 따른 정전 용량의 변화를 검출

히는 것으로 유리, 도자기, 목제위 같은 절연물과 물, 기름, 약물과 같은 액체도 검출이 가능하다.

가. 구조

용량형 근접 센서는 발진 회로, 검파 회로, 적분 회로, 증폭 회로, 출력 회로로 구성되어 있다. 동작 원리에 대해서 정리하면 다음과 같다.

① 센서에 전원이 공급되면 [그림 6-89]와 같이 대지와 센서 전극 사이에 약한 전계가 형성된다.

② 이때 충전 전하를 Q, 전극에 가해지는 전압을 V, 정전 용량 C 사이의 관계는 Q = C·V로 표현된다.

③ 검출 물체가 센서에 접근하면 충전 전하 Q가 증가하게 되는데 C가 증가하는 것과 같다.

④ 센서 전극의 정전 용량은 검출 물체의 크기, 두께, 유전율과 관계가 있으며, 센서의 검출 거리에 영향을 미치는 인자로는 검출 면과 검출 물체 사이의 거리, 검출 물체의 크기, 검출 물체의 유전율 등을 들 수 있다.

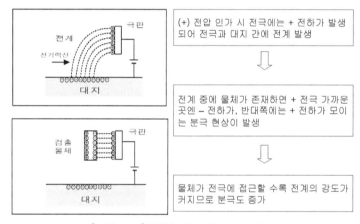

[그림 6-89] 용량형 근접 센서 동작 원리

나. 동작 원리

정전 용량형 근접 스위치는 앞장에서 설명한 유도형 센서와는 반대로 동작하며, 초기 전원 투입 후 검출 물체가 없으면 전압의 진동 폭은 0V에 가까워지고, 검출 물체가 접근하면 전압의 진동 폭이 커지게 된다.

(10) 광센서(포토센서)

광센서는 빛을 매개체로 하여 물체 유무, 색채 검출, 색 농도 검출, 이미지 검출 등에 사용되는 센서로서, 발광부에서 만들어진 빛을 수광부에서 수신하여 전기적 신호로 변환하는 장치이다.

이때 수광부의 응답은 파장의 종류에 따라 달라지며, 전자파의 파장 중 가시광선의 영역은 보라색(약380nm)에서 빨간색(약 780nm)까지 좁은 부분임을 나타내고 있다. 주파수 영역은 1015Hz 범위에 있다.

가. 구조 및 동작 원리

광 근접 센서의 기본적인 구성에는 발광부와 수광부가 있다. 여기에 필요에 따라 반사경과 광섬유 케이블을 추가할 수도 있다.

① 발광부와 수광부가 한 몸체로 구성된 확산 반사형 센서(diffuse sensor)와 회귀 반사형 센서(retro-reflective sensor), 서로 다른 몸체로 구성된 투과형 센서(through-beam sensor)가 있다.

② 발광부는 적색광 또는 적외광을 방출하는데, 이들 빛은 직진, 굴절, 간섭, 반사, 산란과 같은 광학적 현상을 갖는다. 수광부는 이들 빛을 외란 광과 분리하여 받아들인다.

③ 광 근접 센서는 내부적으로 쉴드에 고정되어 있으나 몸체와는 분리되어 있다. 센서를 구성하는 전자 부품들은 캡슐화되어 있으며, 센서의 감도를 조절하는 포텐셔 미터가 부착되어 있다. 또한, 센서의 출력 상태를 나타내는 LED가 부착되어, 센서의 기능적 시험 시 활용할 수 있다.

④ 발광부(투광기)
 - 광섬유 케이블을 사용하지 않는 경우
　　　GaAlAs - 적외광, 880nm 파장
 - 광섬유 케이블을 사용하는 경우
　　GaAlAs - 적색광, 660nm 파장

⑤ 수광부(수광기)

실리콘 포토 트랜지스터 또는 실리콘 다이오드와 880nm에서 동작하는 외란광 차단 필터를 사용하고 있다. 일반적으로 광 근접 센서에는 역극성 보호 기능, 출력단의 합선에 대한 보호 기능, 피크에 의한 과전압 보호 기능 등을 갖추고 있다.

나. 검출 방식에 따른 분류

광 근접 센서의 검출 방식에 따른 종류는 [그림 6-90]과 같다.

[그림 6-90] 검출 방식에 따른 분류

① **투과형 광센서**

투과형 센서는 [그림 6-91]과 같이 투광부와 수광부가 분리된 구조로 비교적 넓은 감지 범위를 갖는다.

㉠ 투광부와 수광부를 동일 광축 선상에 서로 마주 보게 설치해 두고, 그 사이를 통과하는 검출물체에 의해 광량의 변화가 발생하는 것을 검출하여 출력한다. 이 센서의 특징으로서는 검출 거리가 길고(약50m) 검출 정도가 높으며, 환경적 요인(분진/수분/)에 강한 내성을 가지고 있다.

[그림 6-91] 투과형 광센서의 검출 원리

㉡ [그림 6-92]와 같이 수광부는 PNP 또는 NPN 트랜지스터 출력을 가지며, 부분적으로 릴레이 출력을 갖는 경우도 있다. 센서의 응답 범위는 투광부와 수광부의 광학 렌즈 크기에 의해 결정되며, 이에 따라 광축의 측면 검출 위치도 정해진다.

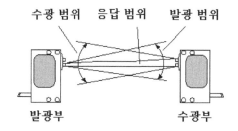

[그림 6-92] 투과형 센서의 응답 범위

② **회귀 반사형 광센서**(미러 반사형 광센서)

회귀 반사형 광센서는 [그림 6-93]과 같이 투광부와 수광부가 한 몸체로 구성된 포토센서와 반사율이 높은 반사경을 사용하며, 투광부에서 발광된 빛이 반사경에서 반사되는 광량과 검출 물체에서 반사되는 광량의 차이를 검출하여 출력하는 포토센서이다.

㉠ 만약 검출 물체가 완전 투명한 재질이거나, 표면 반사가 심한 경우 센서가 오동작할 수 있다. 다시 말해서 거울과 같은 반사체를 검출하고자 하는 경우 거울에 의한 반사광이 수광기에 도달하지 않도록 검출 각도를 조심해서 조절하여야 하며, 확산 반사형에 비해 회귀 반

사형 센서의 감지 거리가 비교적 크다는 것을 알아야 한다.

ⓛ 센서의 검출 거리는 최대 약 8m 정도 가능하며, 설치 장소 및 배선 비용 측면에서 투과형보다 경제적이라 할 수 있다. 켄베이어 제어를 위한 응용 분야에 가장 많이 사용된다.

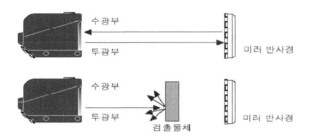

[그림 6-93] 회귀 반사형 광센서의 검출 원리

③ 직접 반사형 광센서

투광부와 수광부가 일체로 되어 있으며, 투광부로부터 발광된 광이 검출 물체에 반사되어 수광부에 입광되는 광량의 세기를 판별하여 출력하는 광센서이다.

㉠ [그림 6-93]의 확산 반사형 센서는 광원이 렌즈를 통과한 후 넓게 확산되어 검출 각도가 넓어지지만 상대적으로 검출 거리는 짧아지며, 넓은 면적을 검출할 필요가 있는 곳에 사용된다.

ⓐ 감지 거리는 검출체의 크기, 모양, 표면 상태, 색깔, 광축과 놓여지는 각도 등에 따른 반사율에 따라 달라진다.

ⓑ 검출 물체의 배경은 빛을 흡수하거나 또는 난반사를 일으키게 하여 센서의 오동작을 방지하도록 하여야 한다.

ⓒ 센서의 특징은 검출 거리가 다른 근접 센서에 비해 짧으며, 광축 조정이 불필요하고 설치장소 및 배선 비용 측면에서 미러 반사형과 동일한 장점을 갖는다.

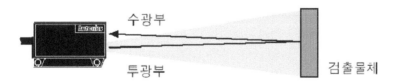

[그림 6-94] 확산 반사형 센서의 건출 원리

다. 특징

광센서는 일반적으로 다음과 같은 특징을 갖는다.

① 비접촉 방식으로 물체를 검출한다.

② 검출물체의 표면 반사량, 투과량 등 빛의 변화를 감지해 물체를 검출하기 때문에 다양한

물체(투명유리, 금속, 플라스틱, 나무, 액체 등)가 검출 대상이 되며, 다른 종류의 검출 센서와는 달리 검출 물체에 대한 제약이 적다.

③ 검출 매체로 빛을 이용하기 때문에 사람의 눈으로 인식이 불가능한 고속의 물체 이동도 검출이 가능하다.

④ 빛의 다양한 특성을 이용하여 다양한 여러 종류의 센서가 개발되어 물체의 유무, 위치, 두께, 색상, 투과도 등 고정도의 다양한 용도에 사용된다.

(11) 광 화이버 센서

광 화이버 센서는 광 화이버 케이블을 이용한 것으로 광 화이버의 유연성을 이용하여 협소한 장소에도 유연하게 설치하여 사용할 수 있는 장점이 있다. 광 화이버 케이블은 유리 또는 플라스틱 재질을 사용하며, 빛의 통로를 곡선으로 유지하거나 또는 외부에 노출시켜 설치 공간을 확보하기 어려운 경우에 사용한다.

가. 광 화이버 케이블

[그림 6-95]의 광 화이버 케이블은 빛의 특정한 입사각에 대해 전반사를 나타내는 성질을 이용한다. 이를 위하여 굴절률이 높은 중심부의 코아를 굴절률이 낮은 클라드가 감싸는 구조를 갖는 형태이다. 광 화이버 케이블은 단일 광 화이버 또는 여러 개의 화이버 다발로 구성되기도 하며, 케이블을 보호하기 위하여 플라스틱 재질 또는 유연한 금속성 튜브 재질로 싸기도 한다.

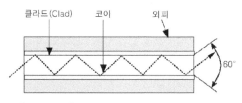

[그림 6-95] 광 화이버 코아에서 빛의 전반사

나. 광 화이버의 종류

광 화이버에는 [그림 6-96]과 같이 4가지 형이 있다.

① 먼저 분할형은 투광용과 수광용이 2분할되어 있으며, 저가의 반사형 광 화이버 케이블로서 주로 마크 검출에 적용한다.

② 동축형은 중앙부와 그 주위를 둘러싸고 있는 가장자리가 분리되어 있으며, 어떤 방향으로부터 물체가 접근하고 감지되도 동작 위치가 동일한 검출 특징이 있다.

③ 평행형은 플라스틱 광 화이버 케이블에만 이용되고 있는 것으로 투광용과 수광용이 평행한 구조 특성을 가지고 있으며 저가형이다.

④ 랜덤 확산형은 투광용과 수광용을 완전히 분리시켜 무작위로 분할하고 있는 방식이다. 주로 유리형 광 화이버 케이블에 응용되고 있다.

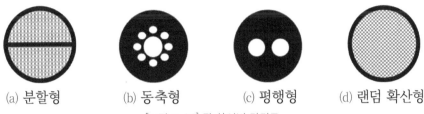

(a) 분할형   (b) 동축형   (c) 평행형   (d) 랜덤 확산형

[그림 6-96] 광 화이버 단면도

⑤ 광 화이버 케이블은 유연성을 이용하여 마음대로 휘거나 구부려서 사용할 수 있지만, 광 화이버 케이블을 한 번 구부리기 시작하면 광 전송률이 서서히 감쇄되다가 서서히 광 전송률이 급격히 감쇄하게 되는 현상이 발생할 수있다. 따라서 광 화이버 케이블의 설치 및 사용 시 허용 휨 반경 이하로 구부리지 않도록 주의하여야 한다.

⑥ 허용 휨 반경은 플라스틱 광 화이버 케이블 반경(R)의 30배 이하이다.

4) 입출력 리스트(I/O List)

(1) 입력 리스트(Input List)

심벌	고유번호	내 용
	X0	리셋 스위치.
	X1	Start 스위치.
	X2	STOP 스위치.
	X3	포토센서.
	X4	근접센서.
DC24V	COM	X0 ~ X17까지의 입력 Common.

[표 6-46] 입력 리스트

(2) 출력 리스트(Output List)

심벌	고유번호	내 용
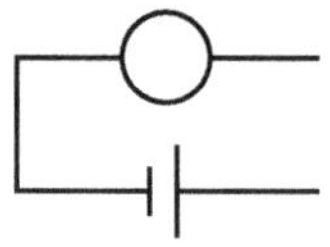 ○ DC24V	Y0	모터.
	COM	Y0 ~ Y17까지의 출력 Common.

[표 6-47] 출력 리스트

5) 실습 순서

(1) 결선과 프로그래밍

가. 리드선을 사용하여 입력 리스트와 같이 결선한다.

이때 PLC의 입력 Common 단자에 DC24V의 +전원을 연결하고, 스위치 블록의 Common 단자에는 DC24V의 -전원을 연결한다.

나. 리드선을 사용하여 출력 리스트와 같이 결선한다.

이때 PLC의 출력 Common 단자에 DC24V의 +전원을 연결하고, 램프 블록의 Common 단자에는 DC24V의 -전원을 연결한다.

다. GX Works2 Software를 실행한 후 새로운 Project를 시작한다.

라. PLC와 컴퓨터 간 통신 케이블을 접속한 후 통신을 연결한다. (ON LINE)

마. [그림 6-97]의 래더 프로그램을 보고 프로그램을 입력한다.

[그림 6-97] 래더 프로그램

바. 프로그램의 컴파일

[그림 6-86]과 같이 메뉴의 "Compile - Build"를 선택하거나, 키보드의 "F4" 키를 선택하여 프로그램을 컴파일한다.

[그림 6-98] 프로그램 컴파일

사. 프로그램 전송

① 프로그램을 전송하기 전에 PC와 PLC의 통신 케이블 연결 상태를 다시 한번 확인한다.

② 메뉴의 "Online - Write to PLC..."를 선택하거나, 도구 모음의 🖳 아이콘을 클릭하면 이 Online Data Operation 창이 나타난다. "Parameter+Program" 아이콘을 클릭해서 파라미터와 프로그램을 선택한 후 오른쪽 아래에 위치한 "Execute" 아이콘을 클릭해서 PLC에 다운로드한다.

③ 앞에서 했던 실습 순서와 같은 방법으로 전송 후 CPU를 Stop에서 RUN 모드로 변경한다. 프로그램 작성 창으로 빠져나온다.

(2) 모니터링과 기록하기

가. 프로그램 다운로드가 완료되면 모니터링을 위해 메뉴의 "Online - Monitor - Monitor Mode"를 선택하거나 키보드의 "F3" 키를 선택하여 모니터링을 시작한다.

나. 직류 전동기의 전원 토글 스위치를 ON 한다.

다. Start 스위치 X1을 ON/OFF 한다. 직류 전동기는 몇 번 회전하고 정지하는지 관찰하고 설명한다.

라. 다시 한번 Start 스위치 X1을 ON/OFF 한다. 전동기는 다시 회전하는지 관찰하고 동작 결과에 대한 이유를 설명한다.

마. 리셋용 스위치 X0을 ON/OFF 한다.

바. 다시 스타트 스위치 X1을 ON/OFF 한다. 전동기는 회전하는지 관찰하고 설명한다.

사. PLC를 프로그램 모드로 전환히여 Step 5의 X3(포토 센서)를 X4(근접 센서)로 변경한다.

아. Start용 스위치 X1을 ON/OFF 한다. 직류 전동기는 몇 번 회전하고 정지하는지 관찰하고 설명한다.

(3) 검토 및 고찰하기

가. 실습에 사용된 프로그램을 동작시켜 보고 전체적인 동작 내용을 기록한다.

나. 실습이 끝나면 모든 전원 스위치를 OFF 하고 정리 정돈 한다.

실습 18. 공기압 실린더 제어

1) 실습 목적

- 공기압 실린더 등의 액추에이터의 동작을 이해하고 설명할 수 있다.
- 공압 실린더와 연동하여 제어할 수 있다.

2) 준비물

- PLC 트레이너. 단, 복동 공압 실린더, GX Works2 Software, PC, 필기구

3) 관련 이론

(1) 공기압 기기

압축 공기는 인간에게 알려진 가장 오래된 에너지의 일종이며, 인간의 육체적 능력을 보강하는 데 사용되어 왔다. 압축 공기를 에너지로 이용하는데, 관련된 최초의 책 중의 하나가 AD 1세기에 만들어 졌으며, 이는 더운 공기에 의해 움직이는 장치에 대하여 기술되었다.

오늘날 현대화된 공장에서 압축 공기가 없다는 것은 상상도 할 수 없는 일이며, 압축 공기의 응용 분야는 활용도가 점차 증가되고 있다.

(2) 공기압 기기의 장점

가. 동력원인 압축 공기를 간단히 얻을 수 있다.

공기는 무료이고 무한대로 많아 어느 장소에서든 쉽게 얻을 수 있다.

나. 힘의 전달이 간단하고 어떤 형태로든 전달 가능하다.

유체에 의한 힘의 전달로서 멀리 떨어진 위치라도 배관만으로 간단하게 전달할 수 있다.

기계의 구동축처럼 방향을 맞출 필요가 없어 어느 방향이든 자유로이 전달이 가능하다.

다. 힘의 증폭이 용이하다.

공압 실린더의 용량을 크게 함에 따라 같은 공압으로도 파워를 증대시킬 수 있다.

라. 속도 변경이 가능하다.

공기량의 증감에 따라 작동 기기(액추에이터)의 속도를 조절할 수 있다.

마. 제어가 간단하다.

압력을 증감시키거나 방향의 변환, 유량 조정 등의 조작과 그 제어가 비교적 간단하다. 이

짐이 공압 기술이 자동화에 이용되고 있는 큰 원인이다.

바. 취급이 간단하다.

공기를 외부로 방출해도 냄새가 발생하거나 오염될 염려가 없어 유압 기술에 비해 특히 장점이다.

사. 인화의 위험이 없다.

일반적으로 사용하는 7[kgf/㎠] 이하의 압력하에서는 인화나 폭발의 염려가 없다.

아. 탄력이 있다.

공기는 압축 가능한 물질이며, 이것은 충격을 받을 때 완충 작용을 한다. 이 성질을 응용한 것이 차량 등에 이용되고 있는 공기 스프링이다.

자. 에너지 축적이 용이하다.

압축이 가능하다는 것은 반대로 압력을 축적할 수 있다는 것으로 공기탱크만으로 축적이 가능하며, 정전 시 비상 운전이나 단시간 내 고속 운전, 축압을 이용한 프레스의 다이쿠션 등에 이용 되고 있다.

차. 안전하다.

유압과 같이 서지 압력이 발생하지 않으므로 과부하에 대해 안전하다.

(3) 공압 실린더

액추에이터란 에너지를 사용하여 기계적인 일을 하는 기구를 말한다.

공압 액추에이터는 압축 공기의 압력 에너지를 기계적인 에너지로 변환하여 직선 운동, 회전 운동 등의 기계적인 일을 하는 기기로서 구동 기기라고도 한다. 공압 액추에이터의 종류는 아래와 같다.

- 공압 실린더: 피스톤 로드가 직선 운동
- 로드리스 실린더: 피스톤 로드가 없이 피스톤의 움직임을 실린더 튜브 외부로 전달시켜 직선 운동
- 요동형 액추에이터: 샤프트가 연속적으로 회전 운동을 하는 공압 모터와 샤프트가 한정된 각도 내에서만 회전 운동
- 핸드, 척: 실린더에 메커니즘을 연동시켜 워크를 잡거나 끼운다.
- 흡착 패드, 공압 브레이크, 공압 클러치 등: 진공압에 의해 워크를 흡착

(4) 실린더의 구조

가. 단동 실린더

단동 실린더(single acting cylinder)는 한쪽 방향의 운동은 압축 공기에 의하여 일어나고, 반대편의 운동은 내장된 스프링이나 외력에 의하여 일어나는 실린더이다. 스프링이 내장된 단동 실린더는 스프링 때문에 최대 행정 거리가 100mm 이내로 제한된다. 단동 실린더는 주로 복귀 시에 큰 힘이 필요하지 않은 클램핑(clamping), 이젝팅(ejecting), 프레싱(pressing) 및 리프팅(lifting) 등에 주로 이용된다.

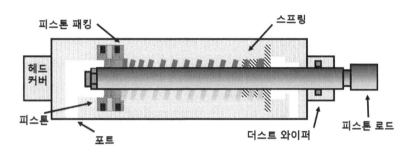

[그림 6-99] 단동 실린더 단면

나. 복동 실린더

복동 실린더는 압축 공기에 의한 힘으로 전진 운동과 후진 운동을 하는 실린더이다. 복동 실린더의 행정 거리는 단동 실린더와는 달리 원칙적으로는 제한이 없지만 피스톤 로드의 구부러짐과 휨을 고려하여 보통 2000mm 이내로 제한된다. 복동 실린더는 압축 공기로 전진과 후진 운동을 모두 하기 때문에 다양한 사용 조건에 응용될 수 있으나, 부하(load)가 변하면 속도가 변하는 특성이 있기 때문에 주의하여야 한다.

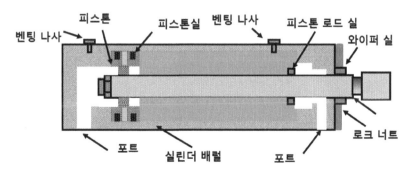

[그림 6-100] 복동 실린더 단면

(5) 공압 제어용 밸브

공압 제어용 밸브는 여러 가지 종류가 있다 그중에서 가장 많이 사용하는 밸브는 방향 제어 밸브이다.

가. 방향 제어 밸브

방향 제어 밸브는 공기 흐름의 시작과 정지, 그리고 흐름의 방향을 제어하는 장치이며 아래의 도표와 같다. 제어 회로도에 표시되는 밸브의 기호는 단지 밸브의 기능만을 나타낼 뿐이고, 밸브의 설계 원리나 구조는 나타내지 않는다.

① 스프링에 의하여 원위치될 수 있는 밸브에서 정상 위치(normal position)는 밸브가 기계나 시스템에 설치되지 않고 혼자 존재할 때에 가지는 위치가 되며, 초기 위치(initial position)는 밸브를 시스템 내에 설치하고 작업을 시작하려 할 때에 가지는 제어 위치를 의미한다.

② 밸브를 명명할 때에는 밸브에 어떠한 외력도 작용하지 않았을 때인 정상 상태를 기준으로 해야만 한다. 정상 상태에서는 공기의 흐름이 차단된 상태로 있는 닫힘 위치(normally closed, N.C로 표시함)와 공기가 흐를 수 있는 열림 위치(normally open, N.O로 표시함)의 두 가지가 있다.

③ 밸브를 명명할 때에는 하나의 제어 위치가 가지고 있는 매체가 흐를 수 있는 통로의 개수와 제어 위치의 개수로써 나타낸다. 즉 3/2 방향 제어 밸브(3/2 way valve)는 공기가 흐를 수 있는 통로의 개수가 3개(3port)이고, 제어 위치(4각형)가 2개인 밸브를 의미하고, 이를 3포트 2위치 방향 제어 밸브라고 한다.

[그림 6-101]은 단동 실린더와 복동 실린더를 수동으로 동작하는 공압 회로도 예이다.

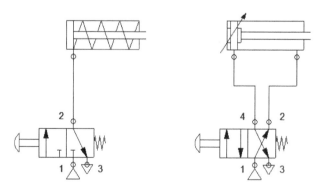

[그림 6-101] 단동과 복동 실린더 수동 동작 회로

[그림 6-102]는 4/2 양 솔레노이드 밸브를 이용하여 전기 시퀀스 회로를 이용한 단동 실린더와 복동 실린더 동작 회로이다

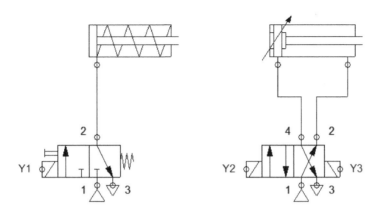

[그림 6-102] 단동과 복동 실린더 전기 시퀀스 동작 회로

4) 실린더 전 후진 제어 (편솔레노이드 이용)

(1) 요구 동작

가. PLC를 RUN 하면 공압 실린더는 후진 상태를 유지한다.

나. 편 솔레노이드 밸브로 작동되는 실린더에서 pbs1을 ON/OFF 시키면 실린더는 전진하고 전진 상태를 유지하고 있는다.

다. 실린더가 전진 상태일 때 PBS2를 ON/OFF 하면 실린더는 후진하여 동작을 완료한다.

라. PBS1을 ON/OFF 하면 2번 요구 사항부터 다시 반복한다.

마. 입출력 어드레스는 [표 6-48]을 참조한다.

바. PBS와 편 솔레노이드 밸브는 직접 배선을 한다.

사. 실습 장비의 입출력 동작을 확인 후 입출력 어드레스를 변경하며 실습을 한다.

입력	기능	비고	출력	기능	비고
X0	PBS1	전진	Y0	편 솔레노이드 밸브	
X1	PBS2	후진			

[표 6-48] 입출력 어드레스

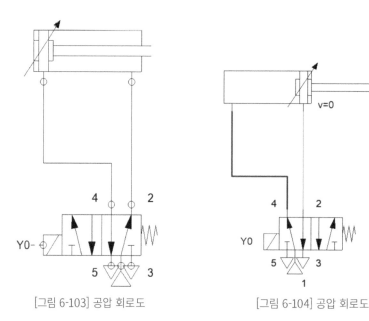

[그림 6-103] 공압 회로도   [그림 6-104] 공압 회로도

[그림 6-105] 프로그램

(2) 프로그램 해석

PLC를 RUN하고 공압이 공급되면 실린더는 후진 상태를 유지하고 있다. 이때 실린더 전진 스위치 PBS1을 ON/OFF 하면 내부 릴레이 M0은 ON 되어 자기 유지 상태가 된다.

따라서 8번 스텝의 내부 릴레이 M0은 ON 상태가 되며 출력 접점 Y0은 여자된다. 출력 접점 Y0이 여자되면, 공압 회로도의 22와 같이 실린더는 전진 상태를 유지하게 된다. 만약 래더 프로그램이 자기 유지가 아니라면 공압 실린더는 PBS1 스위치가 OFF 되는 순간에 후진 상태로 복귀하게 된다. [그림 6-104] 공압 회로도의 전진 상태를 확인한 후, PBS2를 ON/OFF 하면 내부 릴레이 M0은 소자되어 OFF 되며 자기 유지 상태가 해제된다.

따라서 8번 스텝의 내부 릴레이 M0은 OFF 상태가 되며 출력 접점 Y0은 소자된다. 출력 접점 Y0 이 소자되면 공압 회로도와 같이 실린더는 후진 동작을 하여 후진 상태를 유지하게 된다.

(3) 검토 및 고찰하기

가. 실습에 사용된 프로그램을 동작시켜 보고 전체적인 동작 내용을 기록한다.

나. 실습이 끝나면 모든 전원 스위치를 OFF 하고 정리 정돈 한다.

5) 실린더 전 후진 제어(양솔레노이드 이용)

(1) 요구 동작

가. PLC를 RUN 하면 공압 실린더는 후진 상태를 유지한다.

나. 양 솔레노이드 밸브로 작동되는 실린더에서 pbs1을 ON/OFF 시키면 실린더는 전진하고 전진 상태를 유지하고 있는다.

다. 실린더가 전진 상태일 때 PBS2를 ON/OFF 하면 실린더는 후진하여 동작을 완료한다.

라. PBS1을 ON/OFF 하면 2번 요구 사항부터 다시 반복한다.

마. 입출력 어드레스는 [표 6-49]를 참조한다.

바. PBS와 편 솔레노이드 밸브는 직접 배선을 한다.

사. 실습 장비의 입출력 동작을 확인 후 입출력 어드레스를 변경하며 실습을 한다.

입력	기능	비고	출력	기능	비고
X0	PBS1	전진	Y0	양 솔레노이드 밸브	전진
X1	PBS2	후진	Y1	양 솔레노이드 밸브	후진

[표 6-49] 입출력 어드레스

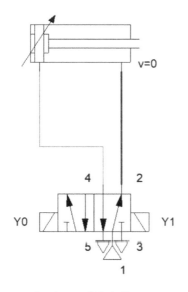

[그림 6-106] 공압 회로도

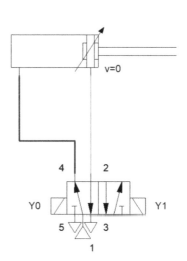

[그림 6-107] 공압 회로도

[그림 6-108] 프로그램

(2) 프로그램 해석

PLC를 RUN 하고 공압이 공급되면 실린더는 후진 상태를 유지하고 있는다. 이때 실린더 전진 스위치 PBS1을 ON/OFF 하면 내부 릴레이 M0은 여자되어 ON 상태가 된다.

따라서 8번 스텝의 내부 릴레이 M0은 ON 상태가 되며 출력 접점 Y0은 여자된다. 출력 접점 Y0이 여자되면, 공압 회로도의 22와 같이 실린더는 전진 상태를 유지하게 된다.

만약 래더 프로그램을 작성할 때 자기 유지가 아닌 형태로 코딩하더라도 솔레노이드 밸브는 양 솔레노이드 밸브이므로 PBS1 스위치가 OFF 되더라도 양 솔레노이드 밸브는 전진 상태를 유지한다.

공압 회로도 22의 전진 상태를 확인한 후, PBS2를 ON/OFF 하면 인터록 기능에 의하여 내부 릴레이 M0은 소자되어 OFF 되며 자기 유지 상태가 해제된다. 그리고 내부 릴레이 M1은 여자되어 ON 상태가 된다.

따라서 15번 스텝의 내부 릴레이 M1은 ON 상태가 되며 출력 접점 Y1은 여자 된다. 출력 접점 Y1이 여자 되면, 공압 회로도의 22와 같이 실린더는 후진 상태를 유지하게 된다.

만약 래더 프로그램을 작성할 때 자기 유지가 아닌 형태로 코딩하더라도 솔레노이드 밸브는 양 솔레노이드 밸브이므로 PBS2 스위치가 OFF 되더라도 양 솔레노이드 밸브는 후진 상태를 유지한다.

(3) 검토 및 고찰하기

가. 실습에 사용된 프로그램을 동작 시켜 보고 전체적인 동작 내용을 기록한다.

나. 실습이 끝나면 모든 전원 스위치를 OFF 하고 정리 정돈 한다.

6) 실린더 1회 왕복 제어(편 솔레노이드 이용)

(1) 요구 동작

가. PLC를 RUN하면 공압 실린더는 후진 상태를 유지한다.

나. 편 솔레노이드 밸브로 작동되는 실린더에서 pbs1을 ON/OFF 시키면 실린더는 전진한다.

다. 실린더가 전진하면 상한(전진) 리미트 센서(X1)를 ON 시키게 된다.

라. 이때 실린더는 후진 동작을 하여 동작을 완료한다.

마. PBS1을 ON/OFF 하면 2번 요구 사항부터 다시 반복한다.

바. 입출력 어드레스는 [표 6-50]을 참조한다.

사. PBS와 편 솔레노이드 밸브는 직접 배선을 한다.

아. 실습 장비의 입출력 동작을 확인 후 입출력 어드레스를 변경하며 실습을 한다.

입력	기능	비고	출력	기능	비고
X0	PBS1	전진	Y0	편 솔레노이드 밸브	
X1	F_LS	상한(전진) 리미트센서			

[표 6-50] 입출력 어드레스

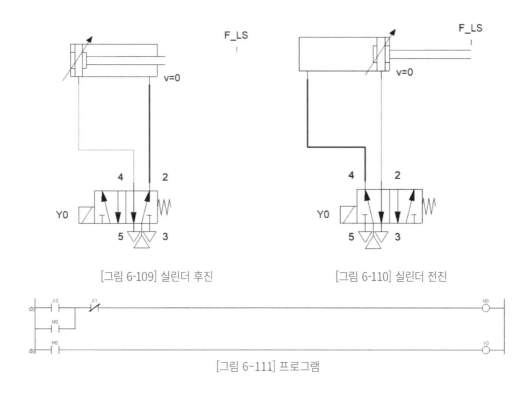

[그림 6-109] 실린더 후진   [그림 6-110] 실린더 전진

[그림 6-111] 프로그램

(2) 프로그램 해석

PLC를 RUN하고 공압이 공급되면 실린더는 후진 상태를 유지하고 있다.

이때 실린더 전진 스위치 PBS1을 ON/OFF 하면 내부 릴레이 M0은 ON 되어 자기 유지 상태가 된다. 따라서 내부 릴레이 M0은 ON 상태가 되며 출력 접점 Y0은 여자 된다.

출력 접점 Y0이 여자 되면, [그림 6-110] 회로도와 같이 실린더는 전진 상태가 된다. 만약 래더 프로그램이 자기 유지가 아니라면 공압 실린더는 PBS1 스위치가 OFF 되는 순간에 후진 상태로 복귀하게 된다. [그림 6-110] 회로도 처럼 실린더가 전진 상태가 되면 F_LS(상한 리미트 센서)가 ON 되며 자기 유지는 해제가 된다. 따라서 내부 릴레이 M0은 소자 된다.

따라서 내부 릴레이 M0은 OFF 상태가 되며 출력 접점 Y0은 소자 된다. 출력 접점 Y0이 소자 되면, [그림 6-109] 회로도와 같이 실린더는 후진 동작을 하여 후진 상태를 유지하게 된다.

(3) 검토 및 고찰하기

가. 실습에 사용된 프로그램을 동작시켜 보고 전체적인 동작 내용을 기록한다.

나. 실습이 끝나면 모든 전원 스위치를 OFF 하고 정리 정돈 한다.

7) 실린더 1회 왕복 제어(양 솔레노이드 이용)

(1) 요구 동작

가. PLC를 RUN 하면 공압 실린더는 후진 상태를 유지한다.

나. 양 솔레노이드 밸브로 작동되는 실린더에서 pbs1을 ON/OFF 시키면 실린더는 전진한다.

다. 실린더가 전진 완료가되면 F_LS(상한 리미트 센서)를 ON 하게 된다.

라. F_LS를 ON 하면 실린더는 후진하여 동작을 완료한다.

마. PBS1을 ON/OFF 하면 2번 요구 사항부터 다시 반복한다.

바. 입출력 어드레스는 [표 6-51]을 참조한다.

사. PBS와 편 솔레노이드 밸브는 직접 배선을 한다.

아. 실습 장비의 입출력 동작을 확인 후 입출력 어드레스를 변경하며 실습을 한다.

입력	기능	비고	출력	기능	비고
X0	PBS1	전 진	Y0	양 솔레노이드 밸브	전진
X1	F_LS	상한 리미트	Y1	양 솔레노이드 밸브	후진

[표 6-51] 입출력 어드레스

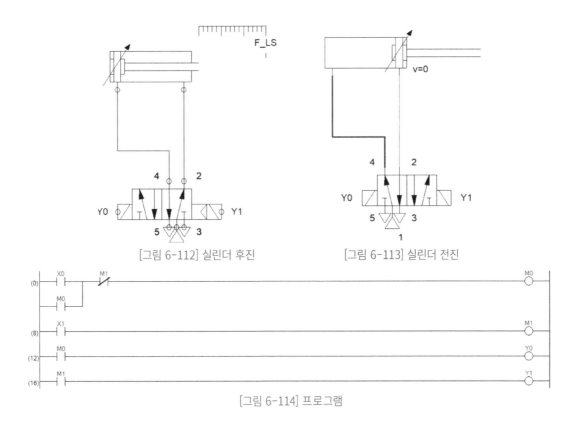

[그림 6-112] 실린더 후진　　　　　　[그림 6-113] 실린더 전진

[그림 6-114] 프로그램

(2) 프로그램 해석

PLC를 RUN 하고 공압이 공급되면 실린더는 후진 상태를 유지하고 있다.

이때 실린더 전진 스위치 PBS1을 ON/OFF 하면 내부 릴레이 M0은 여자 되어 ON 상태가 된다. 따라서 내부 릴레이 M0은 ON 상태가 되며 출력 접점 Y0은 여자 된다.

출력 접점 Y0이 여자 되면 [그림 6-113]과 같이 실린더는 전진 상태가 된다. 만약 래더 프로그램을 작성할 때 자기 유지가 아닌 형태로 코딩하더라도 솔레노이드 밸브는 양 솔레노이드 밸브이므로 PBS1 스위치가 OFF 되더라도 양 솔레노이드 밸브는 전진 상태를 유지한다. [그림 6-113]과 같이 실린더가 전진 상태가 되면 F_LS(상한 리미트 센서)로 할당된 X1 접점이 ON 되며, 따라서 9번 스텝의 내부 릴레이 M1은 여자 되어 4번 스텝의 내부 릴레이 B 접점 M1은 오픈이 된다.

따라서 내부 릴레이 M0은 소자 된다. 다시 말해서 사기 유지 상태가 해제된다. 따라서 16번 스텝의 내부 릴레이 M1은 ON 상태가 되며 출력 접점 Y1은 여자 된다. 출력 접점 Y1이 여자 되면, [그림 6-112]와 같이 실린더는 후진 동작을 하게 된다.

(3) 검토 및 고찰하기

가. 실습에 사용된 프로그램을 동작시켜 보고 전체적인 동작 내용을 기록한다.

나. 실습이 끝나면 모든 전원 스위치를 OFF 하고 정리 정돈 한다.

8) 실린더 연속 왕복 제어(편 솔레노이드 이용)

(1) 요구 동작

가. PLC를 RUN하면 공압 실린더는 후진 상태를 유지한다.

나. 실린더 전진 PBS1을 ON/OFF 시키면 실린더는 전진한다.

다. 실린더가 전진하면 상한(전진) 리미트 센서 S2(X2)를 ON 시킨다.

　　이때 실린더는 후진 동작을 하게된다.

라. 실린더가 후진 완료하게 되면 하한(후진) 리미트 센서 S1(X1)를 ON 한다.

마. 이때 실린더는 다시 자동으로 전진 동작을 하게 된다.

바. PBS3을 ON/OFF 하면 실린더의 왕복 동작은 정지하게 되며, 실린더는 초기 상태로 복귀한 후 정지한다.

사. 실린더 전진 PBS1을 ON/OFF 시키면 실린더는 다시 전진하며 2번 요구 사항부터 다시 반복한다.

아. 입출력 어드레스는 [표 6-52]를 참조한다.

자. PBS와 편 솔레노이드 밸브는 직접 배선을 한다.

차. 실습 장비의 입출력 동작을 확인 후 입출력 어드레스를 변경하며 실습을 한다.

입력	기능	비고	출력	기능	비고
X0	PBS1	전진 시작	Y0	솔레노이드 밸브	전진
X1	S1	하한(후진) 리미트 센서			
X2	S2	상한(전진) 리미트 센서			
X3	PBS2	정지			

[표 6-52] 입출력 어드레스

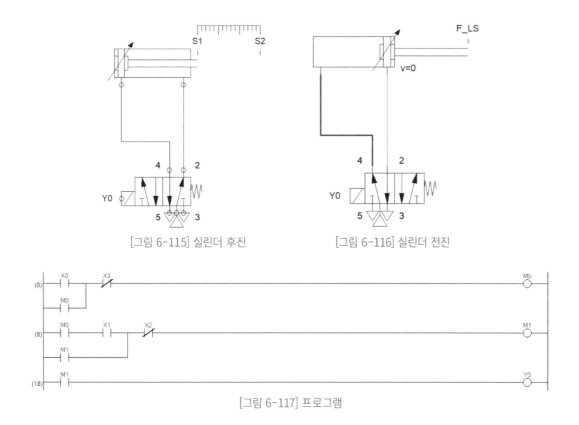

[그림 6-115] 실린더 후진   [그림 6-116] 실린더 전진

[그림 6-117] 프로그램

(2) 프로그램 해석

PLC를 RUN 하고 공압이 공급되면 실린더는 후진 상태를 유지하고 있는다. 실린더가 초기 상태인 후진 상태를 유지하고 있으면, 실린더의 로드는 후진 리미트 센서인 S1(X1)을 ON 한 상태가 된다.

이때 0번 스텝의 실린더 전진 스위치 PBS1을 ON/OFF 하면 내부 릴레이 M0은 ON 되어 자기유지 상태가 된다. 따라서 8번 스텝의 내부 릴레이 M0은 ON 상태가 되며, AND 조건인 후진 리미트 센서 X1이 ON 되어 있으므로 내부 릴레이 M1은 여자된다.

따라서 내부 릴레이 M1은 자기 유지 상태가 되며 18번 스텝의 내부 릴레이 M1이 ON 되면 출력 접점 Y0은 여자 된다. 출력 접점 Y0이 여자 되면 [그림 6-116]과 같이 실린더는 전진 상태가 된다. 만약 래더 프로그램이 자기 유지가 아니라면 공압 실린더는 PBS1 스위치가 OFF 되는 순간에 후진 상태로 복귀하게 된다.

[그림 6-116]처럼 실린더가 전진 완료가 되면 S2 상한(X2 전진 리미트 센서)이 ON 되며 14번 스텝의 B 접점 X2 접점은 오픈된다. 따라서 M1 내부 릴레이의 자기 유지는 해제가 되며, 출력 접점 Y0은 소자 되어 실린더는 후진 동작을 하게 된다.

이때 아직은 6번 스텝의 내부 릴레이 M0은 자기 유지 상태를 계속 유지하게 된다. 그리고 실린더가 후진 동작을 완료하면 후진 리미트 센서 S1(X1)은 ON 되며, 따라서 10번 스텝의 X1 접점이 다시 ON 하게 되며 다시 내부 릴레이 M1 접점을 여자 시키게 되어 자기 유지를 하게 된다.

따라서 18번 스텝의 내부 릴레이 M1이 ON 되면 출력 접점 Y0은 다시 여자 된다. 출력 접점 Y0이 여자 되면 공압 회로도의 22와 같이 실린더는 전진 동작을 하게 되며, 공압 회로도 22처럼 실린더가 전진 완료가 되면 S2 상한(X2 전진 리미트센서)가 ON 되며, 14번 스텝의 B 접점 X2 접점은 오픈된다. 따라서 M1 내부 릴레이는 소자 되어 출력 접점 Y0도 소자 된다.

그리고 22번 스텝의 M2 내부 릴레이가 ON 되어 28번 스텝의 M2 접점이 ON 되면 출력 접점 Y1은 여자 되며 따라서 실린더는 다시 후진 동작을 하게 된다. 그리고 이러한 동작을 계속 반복하게 된다. 실린더의 전진과 후진 왕복 동작이 반복되는 중에 정지 기능의 PBS3을 ON 하면 실린더의 왕복 운동은 모두 정지하게 되며, 편 솔레노이드 밸브의 특성상 실린더는 후진 상태로 복귀하여 초기 상태를 유지하게 된다.

(3) 검토 및 고찰하기

가. 실습에 사용된 프로그램을 동작시켜 보고 전체적인 동작 내용을 기록한다.

나. 실습이 끝나면 모든 전원 스위치를 OFF 하고 정리 정돈 한다.

9) 실린더 연속 왕복 제어(양 솔레노이드 이용)

(1) 요구 동작

가. PLC를 RUN 하면 공압 실린더는 후진 상태를 유지한다.

나. 실린더 전진 PBS1을 ON/OFF 시키면 실린더는 전진한다.

다. 실린더가 전진하면 상한(전진) 리미트 센서 S2(X2)를 ON 시킨다.

라. 이때 실린더는 후진 동작을 하게 된다.

마. 실린더가 후진 완료하게 되면 하한(후진) 리미트 센서 S1(X1)를 ON 한다.

바. 이때 실린더는 다시 자동으로 전진 동작을 하게 된다.

사. 실린더는 이러한 전진과 후진 왕복 동작을 반복한다.

아. PBS3을 ON/OFF 하면 실린더의 왕복 동작은 정지하게 되며, 전진이나 후진 동작 시 실린더는 해당 행정을 마친 상태에서 정지한다.

자. 실린더 정지 상태에서 PBS1 또는 PBS2를 ON/OFF 시키면 실린더는 다시 전진 또는 후진 동작을 하게 되며 2번 요구 사항부터 다시 반복한다.

차. 입출력 어드레스는 [표 6-53]을 참조한다.

카. PBS와 편 솔레노이드 밸브는 직접 배선을 한다.

타. 실습 장비의 입출력 동작을 확인 후 입출력 어드레스를 변경하며 실습을 한다.

입력	기능	비고	출력	기능	비고
X0	PBS1	시작	Y0	솔레노이드 밸브	전진
X1	S1	하한(후진) 리미트센서	Y1	솔레노이드 밸브	후진
X2	S2	상한(전진) 리미트센서			
X3	PBS2	정지			

[표 6-53] 입출력 어드레스

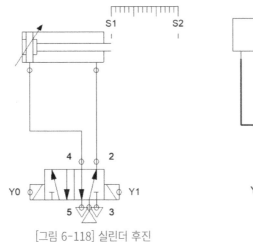

[그림 6-118] 실린더 후진

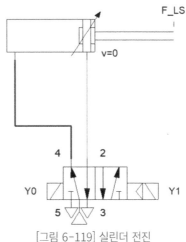

[그림 6-119] 실린더 전진

[그림 6-120] 프로그램

(2) 프로그램 해석

PLC를 RUN 하고 공압이 공급되면 실린더는 후진 상태를 유지하고 있는다. 실린더가 초기 상태인 후진 상태를 유지하고 있으면 실린더의 로드는 후진 리미트 센서인 S1(X1)을 ON 한 상태가 된다.

이때 0번 스텝의 실린더 전진 스위치 PBS1을 ON/OFF 하면 내부 릴레이 M0은 ON 되어 자기 유지 상태가 된다. 따라서 8번 스텝의 내부 릴레이 M0은 ON 상태가 되며 AND 조건인 후진 리미트 센서 X1이 ON 되어 있으므로 내부 릴레이 M1은 여자 된다.

따라서 내부 릴레이 M1은 자기 유지 상태가 되며, 24번 스텝의 내부 릴레이 M1이 ON되면 출력 접점 Y0은 여자 된다. 출력 접점 Y0이 여자 되면 [그림 6-119] 회로도와 같이 실린더는 전진 상태가 된다. [그림 6-119]처럼 실린더가 전진 완료가 되면 S2 상한(X2 전진 리미트 센서)가 ON 되며, 이때는 16번 스텝의 B 접점 X1 접점은 닫히게 된다.

따라서 M1 내부 릴레이는 소자 되어 출력 접점 Y0은 소자 되고, 내부 릴레이 M2가 여자 되게 되며 28번 스텝의 내부 릴레이 M2가 ON 되어 출력 접점 Y1은 여자 되게 되어 실리더는 후진 상태가 된다. 실린더가 후진 동작을 완료하면 후진 리미트 센서 S1(X1)은 ON 되며 따라서 8번 스텝의 X1 접점이 다시 ON 되게 되며 다시 내부 릴레이 M1 접점을 여자 시키게 된다.

따라서 24번 스텝의 내부 릴레이 M1이 ON 되면 출력 접점 Y0은 다시 여자 된다. 출력 접점 Y0이 여자 되면 [그림 6-119] 회로도와 같이 실린더는 전진 동작을 하게 되며, 실린더가 전진 완료가 되면 S2 상한(X2 전진 리미트 센서)가 ON 되며 20번 스텝의 X2 접점은 닫히게 된다. 따라서 M1 내부 릴레이는 다시 소자 되며 출력 접점 Y0은 소자 상태가 되고, Y1 출력 접점이 다시 여자 되어 실린더는 다시 후진 동작을 하게 된다. 그리고 이러한 동작을 계속 반복하게 된다.

실린더의 전진과 후진 왕복 동작이 반복되는 중에 정지 기능의 PBS3을 ON하면 실린더의 왕복 운동은 모두 정지하게 되며 해당 행정을 마무리하고 정지하게 된다.

(3) 검토 및 고찰하기

가. 실습에 사용된 프로그램을 동작 시켜 보고 전체적인 동작 내용을 기록한다.

나. 실습이 끝나면 모든 전원 스위치를 OFF 하고 정리 정돈 한다.

10) 실린더 단속/연속 사이클 제어(편 솔레노이드 이용)

(1) 요구 동작

가. PLC를 RUN하면 공압 실린더는 후진 상태를 유지한다.

나. 단속 동작 시작 PBS1을 ON/OFF 시키면 실린더는 전진한다.

다. 실린더가 전진하면 상한(전진) 리미트 센서 S2(X2)를 ON 시킨다.

라. 이때 실린더는 후진 동작을 한다.

마. 실린더가 후진 완료하게 되면 하한(후진) 리미트 센서 S1(X1)를 ON 한다. 단속 동작을 마무리하고 정지한다.

바. 연속 동작 시작 PBS2을 ON/OFF 시키면 실린더는 전진한다.

사. 실린더가 전진하면 상한(전진) 리미트 센서 S2(X2)를 ON 시킨다. 이때 실린더는 후진 동작을 한다.

아. 실린더가 후진 완료하게 되면 하한(후진) 리미트 센서 S1(X1)를 ON 한다.

자. 이때 실린더는 다시 자동으로 전진 동작을 하게 된다.

차. 실린더는 이러한 전진과 후진 왕복 동작을 반복한다.

카. PBS0을 ON/OFF 하면 실린더의 왕복 동작은 정지하게 되며, 실린더는 초기 상태로 복귀한 후 정지한다.

타. 입출력 어드레스는 [표 6-54]를 참조한다.

파. PBS와 편 솔레노이드 밸브는 직접 배선을 한다.

하. 실습 장비의 입출력 동작을 확인 후 입출력 어드레스를 변경하며 실습을 한다.

입력	기능	비고	출력	기능	비고
X0	PBS0	정지	Y0	솔레노이드 밸브	전진
X1	S1	하한(후진) 리미트센서			
X2	S2	상한(전진) 리미트센서			
X3	PBS1	단속 동작 시작			
X4	PBS2	연속 동작 시작			

[표 6-54] 입출력 어드레스

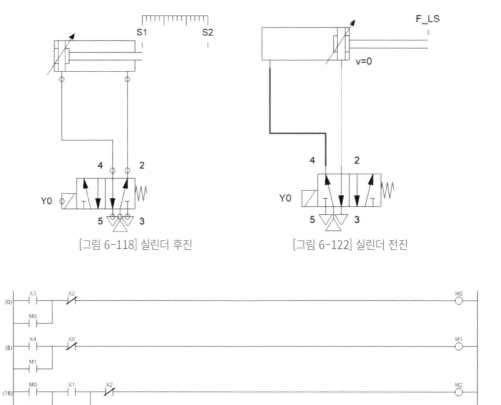

[그림 6-118] 실린더 후진

[그림 6-122] 실린더 전진

[그림 6-123] 프로그램

2) 프로그램 해석

PLC를 RUN 하고 공압이 공급되면 실린더는 후진 상태를 유지하고 있다. 실린더가 초기 상태인 후진 상태를 유지하고 있으면 실린더의 로드는 후진 리미트 센서인 S1(X1)을 ON 한 상태가 된다. 이때 0번 스텝의 실린더 단속 운전 스위치 PBS3을 ON/OFF 하면 내부 릴레이 M0은 ON 되어 자기 유지 상태가 된다.

따라서 16번 스텝의 내부 릴레이 M0은 ON 상태가 되며, AND 조건인 후진 리미트 센서 X1이 ON 되어 있으므로 내부 릴레이 M2는 여자 된다. 따라서 내부 릴레이 M2은 자기 유지 상태가 되며, 28번 스텝의 내부 릴레이 M2가 ON 되면 출력 접점 Y0은 여자 된다. 출력 접점 Y0이 여자 되면 [그림 6-122] 실린더 전진 같이 실린더는 전진 상태가 된다. 실린더가 전진 완료가 되면 S2 상한(X2 전진 리미트 센서)가 ON 되며 4번 스텝의 B 접점 X2 접점은 오픈된다.

따라서 M0 내부 릴레이의 자기 유지는 해제가 되며 24번 스텝의 B 접점 X2 역시 오픈되므로, 내부 릴레이 M2 역시 자기 유지가 해제된다. 따라서 30번 스텝의 출력 접점 Y0은 소자 되어 결국 실린더는 후진 상태가 된다. 후진 상태가 된 실린더는 정지 상태를 유지하게 되어 단속 운전을 마무리하게 된다.

이번에 8번 스텝의 연속 운전 스위치인 PBS4를 ON/OFF 하면 내부 릴레이 M1 접점을 여자 시키게 되어 자기 유지를 하게 된다.

따라서 18번 스텝의 내부 릴레이 M1이 ON 되면 출력 접점 Y0은 다시 여자 된다. 그리고 자기 유지 상태가 된다. 출력 접점 Y0이 여자 되면 [그림 6-122]와 같이 실린더는 전진 동작을 하게 되며, 실린더가 전진 완료가 되면 S2 상한(X2 전진 리미트 센서)가 ON 되며 25번 스텝의 B 접점 X2 접점은 오픈된다. 따라서 M2 내부 릴레이는 오프되며, 따라서 30번 스텝의 출력 접점 Y0도 소자 된다. 따라서 실린더는 다시 후진 운전 동작을 하게 된다.

그리고 후진 운전 동작을 완료하게 되면 20번 스텝의 후진 리미트 센서인 X1 신호가 다시 ON 되어 내부 릴레이 M2는 여자 된다. 따라서 내부 릴레이 M2는 자기 유지 상태가 되며 출력 접점 Y0은 여자 된다. 출력 접점 Y0이 여자 되면 [그림 6-122]와 같이 실린더는 전진 운전을 시작하여 전진 상태가 된다.

실린더가 전진 완료가 되면 S2 상한(X2 전진 리미트 센서)가 ON 되며, 4번 스텝의 B 접점 X2 접점은 오픈된다. 따라서 M0 내부 릴레이의 자기 유지는 해제가 되며, 24번 스텝의 B 접점 X2 역시 오픈되므로 내부 릴레이 M2 역시 자기 유지가 해제된다. 따라서 30번 스텝의 출력 접점 Y0은 소자 되어 실린더는 다시 후진 상태가 된다. 이러한 순서로 실린더는 정지하지 않고 연속 운전을 계속 반복하게 된다.

실린더의 전진과 후진 왕복 운전 동작이 반복되는 중에 정지 기능의 PBS0을 ON 하면 실린더의 전후진 왕복 연속 운전은 모두 정지하게 되며, 편 솔레노이드 밸브의 특성상 실린더는 후진 상태로 복귀하여 초기 상태를 유지하게 된다.

(3) 검토 및 고찰하기
가. 실습에 사용된 프로그램을 동작시켜 보고 전체적인 동작 내용을 기록한다.
나. 실습이 끝나면 모든 전원 스위치를 OFF 하고 정리 정돈 한다.

11) 두 개의 실린더 제어 (편 솔레노이드 이용, A+B+A-B-)

(1) 요구 동작

가. PLC를 RUN 하면 A와 B 실린더는 모두 후진 상태를 유지한다.

나. 실린더 동작 시작 PBS0을 ON/OFF 시키면 A와 B 실린더들은 동작을 시작한다.

다. 동작은 다음과 같은 순서로 진행한다. A+B+A-B-

라. 실린더들의 전진과 후진에 설치된 전, 후진 리미트 센서 신호들을 이용한다.

마. 동작은 1회만 하며 1회 동작 후 정지 상태를 유지한다.

바. 입출력 어드레스는 [표 6-55]를 참조한다.

사. PBS와 편 솔레노이드 밸브는 직접 배선을 한다.

아. 실습 장비의 입출력 동작을 확인 후 입출력 어드레스를 변경하며 실습을 한다.

입력	기능	비고	출력	기능	비고
X0	PBS0	동작 시작	Y0	A 솔레노이드 밸브	
X1	PBS1	정지	Y1	B 솔레노이드 밸브	
X2	S1	A 실린더 후진 리미트 센서			
X3	S2	A 실린더 전진 리미트 센서			
X4	S3	B 실린더 후진 리미트 센서			
X5	S4	B 실린더 전진 리미트 센서			

[표 6-55] 입출력 어드레스

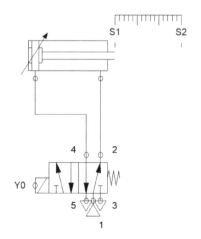

[그림 6-124] A 실린더

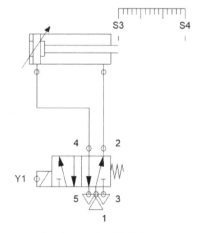

[그림 6-125] B 실린더

[그림 6-126] 프로그램

(2) 프로그램 해석

PLC를 RUN 하고 공압이 공급되면 A와 B 실린더는 후진 상태를 유지하고 있다.

이때 0번 스텝의 실린더 운전 시작 스위치 PBS0(X0)을 ON 하면 10번 스텝의 내부 릴레이 M0은 ON 되어 자기 유지가 된다. 그리고 36번 스텝의 내부 릴레이 M0은 ON 되어 출력 접점 Y0은 여자 되며 따라서 A 실린더는 전진을 하게 된다. 그리고 16번 스텝의 M0 접점을 ON 하게 된다. [그림 6-124]를 살펴보면 A 실린더가 전진 완료하면 A 실린더의 로드는 전진 리미트 센서 S2(X3)를 ON 한다. 따라서 12번 스텝의 X3 접점은 ON 되어 내부 릴레이 M1을 ON 하게 된다. 자기 유지된 M1은 23번 스텝의 M1을 ON 시키고 42번 스텝의 M1을 ON 하게 되며, 출력 접점 Y1을 여자 시키게 되어 B 실린더는 전진하게 된다.

[그림 6-125]를 보면 B 실린더가 전진 완료하게 실린더의 로드 부분이 S4(X5)를 ON 하게 되며, 따라서 20번 스텝의 X5 접점을 ON 하게 되어 내부 릴레이 M2는 자기 유지가 된다. M2 접점이 ON 되었으므로 32번 스텝의 M2를 ON 시킨 후, 38번 스텝의 B 접점 M2를 오픈시키게 되어 출력 접점 Y0을 소자 시키게 된다. 출력 접점 Y0이 소자 되므로 A 실린더는 후진을 하게 된다. 공압 회로도를 보면 A 실린더가 후진 완료하게 되면 후진 리미트 센서 S1(X2)는 ON이 된다.

따라서 28번 스텝의 X2는 ON 되며 내부 릴레이 M3을 ON 하여 자기 유지가 된다. ON 상태가 된 내부 릴레이 M3으로 인하여 6번 스텝의 B 접점 M3을 오픈시키게 되어 자기 유지되어 있던 내부 릴레이 M0을 OFF 시킨다. 그리고 44번 스텝의 B 접점 M3도 오픈되어 출력 접점 Y1은 소자 된다. 출력 접점 Y1이 소자 되므로 B 실린더는 후진 동작을 하게 된다. 후진 완료가 되면 B 실린더의 후진 리미트 센서 S3(X4)는 ON이 되며 초기 위치로 복귀한 후 대기를 하게 된다.

(3) 검토 및 고찰하기

가. 실습에 사용된 프로그램을 동작시켜 보고 전체적인 동작 내용을 기록한다.

나. 실습이 끝나면 모든 전원 스위치를 OFF 하고 정리 정돈 한다.

12) 두 개의 실린더 제어 (편 솔레노이드 이용, A+A-B+B-)

(1) 요구 동작

가. PLC를 RUN 하면 A와 B 실린더는 모두 후진 상태를 유지한다.

나. 실린더 동작 시작 PBS0을 ON/OFF 시키면 A와 B 실린더들은 동작을 시작한다.

다. 동작은 다음과 같은 순서로 진행한다. A+A-B+B-

라. 실린더들의 전진과 후진에 설치된 전, 후진 리미트 센서 신호들을 이용한다.

마. 동작은 1회만 하며 1회 동작 후 정지 상태를 유지한다.

바. 입출력 어드레스는 [표 6-56]을 참조한다.

사. PBS와 편 솔레노이드 밸브는 직접 배선을 한다.

아. 실습 장비의 입출력 동작을 확인 후 입출력 어드레스를 변경하며 실습을 한다.

입력	기능	비고	출력	기능	비고
X0	PBS0	동작 시작	Y0	A 솔레노이드 밸브	
X1	PBS1	정지	Y1	B 솔레노이드 밸브	
X2	S1	A 실린더 후진 리미트 센서			
X3	S2	A 실린더 전진 리미트 센서			
X4	S3	B 실린더 후진 리미트 센서			
X5	S4	B 실린더 전진 리미트 센서			

[표 6-56] 입출력 어드레스

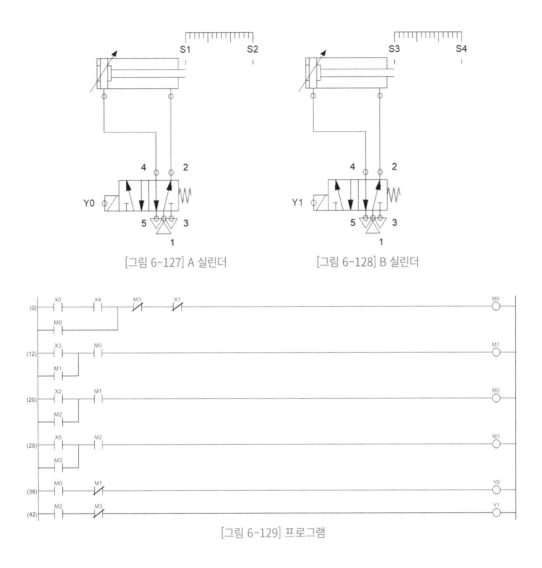

[그림 6-127] A 실린더   [그림 6-128] B 실린더

[그림 6-129] 프로그램

(2) 프로그램 해석

PLC를 RUN 하고 공압이 공급되면 A와 B 실린더는 후진 상태를 유지하고 있다.

이때 0번 스텝의 실린더 운전 시작 스위치 PBS0(X0)을 ON 하면 10번 스텝의 내부 릴레이 M0은 ON 되어 자기 유지가 된다. 그리고 36번 스텝의 내부 릴레이 M0은 ON 되어 출력 접점 Y0은 여자 되며 따라서 A 실린더는 전진을 하게 된다. 그리고 16번 스텝의 M0 접점을 ON 하게 된다. [그림 6-127]을 살펴보면 A 실린더가 전진 완료하면, A 실린더의 로드는 전진 리미트 센서 S2(X3)를 ON 한다.

따라서 12번 스텝의 X3 접점은 ON 되어 내부 릴레이 M1을 ON 하게 된다. 자기 유지된 M1은 24번 스텝의 M1을 ON시키고 38번 스텝의 b접점 M1을 오픈하게 되며, 따라서 출력 접점 Y0

을 소자 시키게 되어 A 실린더는 후진하게 된다. A 실린더가 후진 완료 상태가 되면 후진 리미트 센서 S1(X2)를 ON 하게 되며 따라서 20번 스텝의 X2 접점이 ON 된다. X1 접점이 ON 되면 내부 릴레이 M2 접점이 ON 되고 자기 유지가 된다.

자기 유지 상태가 된 M2 접점은 32번 스텝의 M2 접점을 ON 시키고 42번 스텝의 M2를 ON 시키게 되며 따라서 출력 접점 Y1은 여자 된다. Y1 출력 접점이 여자 된 후 B 실린더는 전진을 하게 된다.

B 실린더가 전진 완료 상태가 되면 전진 리미트 센서 S4(X5)는 ON 상태가 되며, 따라서 28번 스텝의 X5 접점을 ON 하게 된다. 그리고 X5 접점이 ON 되므로 내부 릴레이 M3은 ON 상태가 되며, 따라서 44번 스텝의 B 접점 M3을 오픈시켜서 출력 접점 Y1을 소자 시키게 된다. Y1 출력 접점이 소자 되므로 B 실린더는 후진 동작을 하게 되며, 후진이 완료되면 실린더가 정지된 상태에서 다음 운전 지령을 기다리게 된다.

(3) 검토 및 고찰하기

가. 실습에 사용된 프로그램을 동작시켜 보고 전체적인 동작 내용을 기록한다.

나. 실습이 끝나면 모든 전원 스위치를 OFF 하고 정리 정돈 한다.

13) 두 개의 실린더 제어 (편 솔레노이드 이용, B+A+A-B-)

(1) 요구 동작

가. PLC를 RUN 하면 A와 B 실린더는 모두 후진 상태를 유지한다.

나. 실린더 동작 시작 PBS0을 ON/OFF 시키면 A와 B 실린더들은 동작을 시작한다.

다. 동작은 다음과 같은 순서로 진행한다. B+A+A-B-

라. 실린더들의 전진과 후진에 설치된 전, 후진 리미트 센서 신호들을 이용한다.

마. 동작은 1회만 하며 1회 동작 후 정지 상태를 유지한다

바. 입출력 어드레스는 [표 6-57]을 참조한다.

사. PBS와 편 솔레노이드 밸브는 직접 배선을 한다.

아. 실습 장비의 입출력 동작을 확인 후 입출력 어드레스를 변경하며 실습을 한다.

입력	기능	비고	출력	기능	비고
X0	PBS0	동작 시작	Y0	A 솔레노이드 밸브	
X1	PBS1	정지	Y1	B 솔레노이드 밸브	
X2	S1	A 실린더 후진 리미트 센서			

X3	S2	A 실린더 전진 리미트 센서			
X4	S3	B 실린더 후진 리미트 센서			
X5	S4	B 실린더 전진 리미트 센서			

[표 6-57] 입출력 어드레스

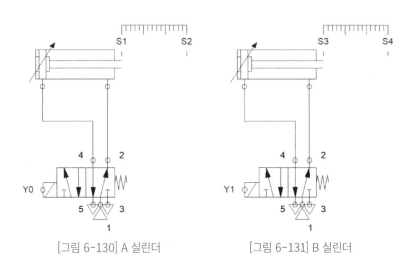

[그림 6-130] A 실린더   [그림 6-131] B 실린더

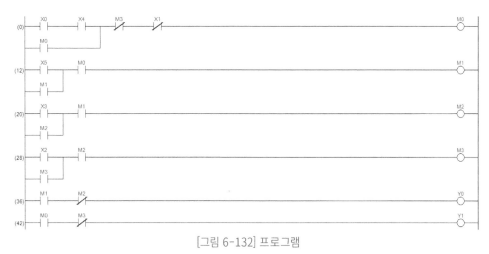

[그림 6-132] 프로그램

(2) 프로그램 해석

PLC를 RUN 하고 공압이 공급되면 A와 B 실린더는 후진 상태를 유지하고 있다.

이때 0번 스텝의 실린더 운전 시작 스위치 PBS0(X0)을 ON 하면 10번 스텝의 내부 릴레이 M0은 ON 되어 자기 유지가 된다. 그리고 42번 스텝의 내부 릴레이 M0은 ON 되어 출력 접점 Y1은 여자 되며 따라서 B 실린더는 전진을 하게 된다. 그리고 16번 스텝의 M0 접점을 ON 하고 다음 신호를 기다리게 된다.

[그림 6 130] 회로도를 살펴보면, B 실린더가 전진 완료하면 B 실린더의 로드는 전진 리미트 센서 S4(X5)를 ON 한다. 따라서 12번 스텝의 X5 접점은 ON 되어 내부 릴레이 M1을 ON 하게 된다. 자기 유지된 M1은 24번 스텝의 M1을 ON 시키고 36번 스텝의 M1을 ON 하게 되며, 따라서 출력 접점 Y0을 여자 시키게 되어 A 실린더는 전진하게 된다.

A 실린더가 전진 완료 상태가 되면 A 실린더의 로드는 전진 리미트 센서 S2(X3)를 ON 하게 되며, 따라서 20번 스텝의 X2 접점이 ON 된다. X1 접점이 ON 되면 내부 릴레이 M2 접점이 ON 되고 자기 유지가 된다. 자기 유지 상태가 된 M2 접점은 28번 스텝의 M2 접점을 ON 시키고, 38번 스텝의 B 접점 M2를 오픈하게 되며 따라서 출력 접점 Y0은 다시 소자 된다. Y0 출력 접점이 소자 된 후, A 실린더는 후진을 하게 된다.

A 실린더가 후진 완료 상태가 되면 후진 리미트 센서 S1(X2)는 ON 상태가 되며, 따라서 28번 스텝의 X2 접점을 ON 하게 된다. 그리고 X2 접점이 ON 되므로 내부 릴레이 M3은 ON 상태가 되며 자기 유지 상태가 된다. 따라서 44번 스텝의 B 접점 M3을 오픈시켜서 출력 접점 Y1을 소자 시키게 된다. Y1 출력 접점이 소자 되므로 B 실린더는 후진 동작을 하게 되며, 후진이 완료되면 실린더가 정지된 상태에서 다음 운전 지령을 기다리게 된다.

(3) 검토 및 고찰하기
가. 실습에 사용된 프로그램을 동작시켜 보고 전체적인 동작 내용을 기록한다.
나. 실습이 끝나면 모든 전원 스위치를 OFF 하고 정리 정돈 한다.

7장 Demonstration Unit

1. 하드웨어 구성

Demonstration Unit은 총 9종의 주변 장치를 하나의 모듈에 구성하여 그래픽 패널을 교체하며 폭넓은 실습이 가능하도록 구성한 모듈이다. [그림 7-1]은 Demonstration Unit를 보여 주고 있다.

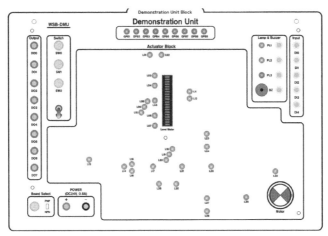

[그림 7-1] Demonstration Unit

1) 조작 방법

하드웨어 구성 및 특성을 이해하고 활용해야 한다.

(1) [그림 7-1] 좌측 하단의 Power 단자에 DC 24V 전원을 연결한 후 Board Select Switch를 이용하여 장착한 패널 번호를 설정하며, 그래픽 패널을 장착하면 제어 대상에 필요한 제어 단자와 스위치, 표시등만 표시된다. 이때 제어 대상에 맞는 각종 신호를 입력하여 장치를 운전할 수 있다.

(2) Unit 중앙 상부에 표시등을 설치하여 장착할 패널의 번호를 쉽게 설정할 수 있도록 하였다. 좌측의 Signal Output 단자에서 장치의 상태 신호가 출력되며, 이 신호를 PLC의 Digital

Input Block에 연결하면 장치의 신호가 PLC로 입력된다.

(3) 장치의 상태 신호는 Board Sellect 블록의 슬라이드 스위치를 이용하여 PNP 또는 NPN Type으로 출력되며, 사용되는 제어기에 맞게 선택하여 사용할 수 있도록 구성되어 있다. 아래 실습에서는 NPN Type 선택하고 PLC의 Digital Input Block의 Common에 +24V를 연결한 후 해당 신호를 입력 접점에 연결하여 사용한다.

(4) 우측의 Signal Input 단자에 제어 신호를 입력하면 장치가 운전되며, PLC의 Digital Output Block에 연결하여 제어 신호를 공급하면 장치가 운전된다.

(5) 장치의 제어 신호는 PNP Type으로 제어되며, PLC의 Digital Output Block의 Common에 +24V를 연결한 후 해당 단자에 +24V의 제어 신호를 공급하면 장치가 운전된다.

2. FX3U-32M 입출력

FX3U-32M의 입출력 접점은 [그림 7-2]와 같다. 입출력 배선 작업 시 전원 단자와 서비스 전원, 출력 단자와 Common 단자 등의 위치를 주의 깊게 확인해야 한다.

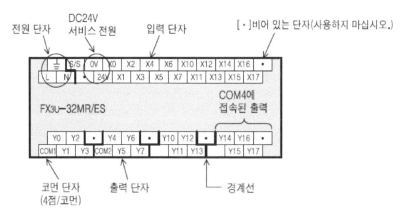

[그림 7-2] FX3U-32 입출력 접점

1) 입출력 배선 방식

FX3U 시리즈는 사용자가 입출력 배선 방식을 시스템의 상황에 따라 유연하게 구현할 수 있도록 제공하고 있다. FX3U는 양방향 Common 접속이 가능하기 때문에 입력 배선 시 Sink와 Source 두 가지 연결 방법 중 하나를 선택해서 사용할 수 있다.

(1) Sink 결선 방법을 이용할 경우 [그림 7-3]과 같이 S/S(Sink/Source) 단자와 서비스 전원의 24V 를 연결한다. 스위치나 센서 등을 이용해서 외부 입력 신호 단자인 X0부터 사용하는 범위의 입력 어드레스 단자까지 0V 레벨 신호가 입력되면 PLC에서는 입력 신호로 인식이 된다.

[그림 7-3] Sink 결선

(2) Source 결선 방법을 이용할 경우 [그림 7-4]와 같이 S/S(Sink/Source) 단자와 서비스 전원의 0V를 연결한다. 스위치나 센서 등을 이용해서 외부 입력 신호 단자인 X0부터 사용하는 범 위의 입력 어드레스 단자까지 24V 레벨 신호가 입력되면 PLC에서는 입력 신호로 인식된다. 구축하려는 시스템의 상황에 따라서 Sink/Source 결선 방법 중 하나를 선택해서 사용하면 된다. [그림 7-5]는 입력 배선 시 Sink/Source 결선 방법을 서로 비교한 것이다.

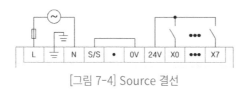

[그림 7-4] Source 결선

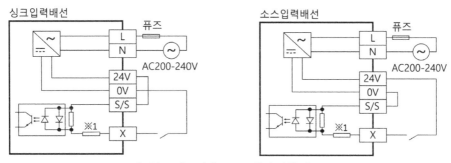

[그림 7-5] Sink/Source 결선 방법 비교

2) 출력 배선

FX3U-32M은 릴레이 출력 기능의 모듈이므로 출력 배선 방법은 일반적인 릴레이 타입 모듈이 배선과 같은 방법으로 배선을 한다. DC 혹은 AC Common 접속이 가능하기 때문에 출력 배선 시 DC 혹은 AC Common 두 가지 연결 방법 중 사용하려는 액추에이터의 구동 특징을 고려한 후 연결하면 사용할 수 있다

(1) DC 24V 결선 방법을 이용할 경우 [그림 7-6]과 같이 Com 단자에 DC를 연결한다. 만약 Com 단자에 DC 0V(24G, -)를 연결했으면 부하(load)의 반대편에는 24V를 연결하면 해당되는 출력 접점을 이용해서 외부에 연결된 액추에이터의 활용이 가능하다. 해당되는 출력 접점이 프로그램에서 여자(ON) 되면 Com으로 연결된 해당 전압(DC 0V(24G, -)이 출력 신호이기 때문이다. 물론 DC를 이용할 경우 사용 범위를 확인해야 하고, 필요한 경우 +, - 극성을 Com에서 서로 바꿔서 사용할 수 있다.

(2) AC 결선 방법을 이용할 경우 [그림 7-6]과 같이 Com 단자에 AC를 연결한다. 만약 Com 단자에 AC의 L1를 연결했으면 부하(load)의 반대편에는 L3를 연결하면 해당되는 출력 접점을 이용해서 외부에 연결된 액추에이터의 활용이 가능하다. 해당되는 출력 접점이 프로그램에서 여자(ON) 되면 Com으로 연결된 해당 전압(AC L1)이 출력 신호이기 때문이다. 물론 AC를 이용할 경우 사용 범위를 확인해야 하고, 필요한 경우 L1 L3 등의 상을 Com에서 서로 바꿔서 사용할 수 있다.

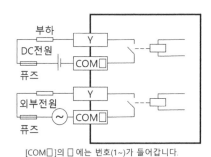

[COM□]의 □ 에는 번호(1~)가 들어갑니다.

[그림 7-6] DC와 AC Common 배선

(3) 출력 배선 방식(Common 혼용)

FX3U 시리즈의 출력 접점은 4점 Common으로 회로가 구성되어 있다. 따라서 [그림 7-7]과 같이 4점마다 Common 전압을 변경하며 사용할 수 있다.

예를 들어, Y0부터 Y3까지 4점은 AC Common 방식으로 연결하여 사용할 수 있으며, Y4부터 Y7까지 4점은 DC Common 방식으로 연결해서 출력 신호를 사용할 수 있다. 일반적인 시퀀스용 릴레이 사용 방법에서 8핀 릴레이를 사용할 경우 1번 핀에는 AC Common을 연결해서 부하를 제어하고, 8번 핀에는 DC를 연결해서 사용하는 혼용 제어 방식과 같다고 생각하면 된다.

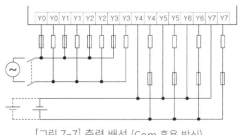

[그림 7-7] 출력 배선 (Com 혼용 방식)

8장 그래픽 패널 활용 운전 실습

실습 1. 1Φ 유도 전동기의 정/역 운전 실습

1) 실습 목적
- 1Φ 유도 전동기의 정/역 운전을 이해하고 운용할 수 있다.

2) 준비물
- PLC 트레이너
- Demonstration Unit(DMU)
- 1Φ 유도 전동기 정/역 운전용 그래픽 보드(GPB01)
- GX-WORKS2 소프트웨어 툴

3) 관련 이론
[그림 8-1]은 1Φ 유도 전동기의 정/역 운전을 실습할 수 있는 보드이다.

(1) 그래픽 패널 구성은 총 9종의 Digital Graphic Board로 구성되어 있으며, Demonstration Unit에 장착하여 폭넓은 실습이 가능하도록 구성하였다.

(2) Graphic Board를 교체하여 PLC의 기본 명령어에서부터 응용 명령에 이르기까지 전반적인 실습이 가능하도록 구성하였다.

(3) 실습에서 사용하는 보드는 유접점 시퀀스 회로에 의한 1Φ 유도 전동기의 정/역 운전을 PLC Program으로 제이할 수 있도록 구성한 Graphic Board이다.

(4) 보드 좌측과 우측에 운전에 필요한 각종 신호를 단자로 인출하여 PLC와 접속을 용이하도록 구성하였다.

(5) Demonstration Unit에 1Φ 유도 전동기 정/역 운전용 그래픽 보드(DMU-GPB01)를 장착하고, 좌측 하단의 Board Select 스위치를 눌러 그래픽 보드의 중앙 상부에 GPB01 표시등이

점등되면 운진 보드와 장차된 보드가 일치하였음을 표시하는 것이다.

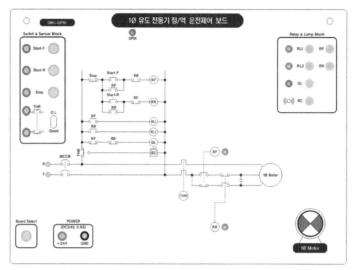

[그림 8-1] 1Φ 유도 전동기 정/역 운전용 그래픽 보드

4) 입출력 리스트(I/O List)

(1) 입력 리스트(Input List)

심벌	디바이스	코멘트	내 용
─o─o─	X0	정회전_스위치	정회전 스위치(GPB01의 Start-F 단자)
─o─o─	X1	역회전_스위치	역회전 스위치(GPB01의 Start-R 단자)
─o─o─	X2	정지_스위치	정지 스위치(GPB01의 Stop 단자)
─o×o─	X3	과부하계전기_A	THR a접점(GPB01의 THR a접점 단자)
─┤├─ DC24V	Com1, Com2		X0 ~ X17까지의 입력 Common

[표 8-1] 입력 리스트

(2) 출력 리스트(Output List)

심벌	디바이스	코멘트	내　　　　용
	Y0	정회전_출력	전동기의 정회전 출력(GPB01의 RF 단자)
	Y1	역회전_출력	전동기의 역회전 출력(GPB01의 RR 단자)
	Y2	정회전_표시등	정회전 표시등 출력(GPB01의 RL1 단자)
	Y3	역회전_표시등	역회전 표시등 출력(GPB01의 RL2 단자)
	Y4	정지_표시등	정지 표시등 출력(GPB01의 GL 단자)
	Y5	부저_출력	Buzzer 출력(GPB01의 BZ 단자)
DC24V	Com1		Y0 ~ Y7까지의 출력 Common

[표 8-2] 출력 리스트

5) 실습 순서

(1) 결선과 프로그래밍

가. 리드선을 사용하여 입력 리스트와 같이 결선한다. 이때 그래픽 보드에 신호 출력 레벨이 GND(0V)로 출력되므로, PLC의 입력 Common 단자에 반드시 +24V를 인가해 주어야 한다.

나. 리드선을 사용하여 출력 리스트와 같이 결선한다. 그래픽 보드에 입력 신호 레벨이 +24V 이므로 PLC의 출력 Common 단자에 반드시 +24V를 인가해 주어야 한다.

다. PLC와 PC를 통신 케이블로 연결한다.

라. PC를 켜고 GX-WORKS 2를 실행한다.

마. 프로그램 작성

① 변수 리스트

1Φ 유도 전동기의 정/역 운전 보드의 프로그램에 사용된 변수 리스트는 [표 8-3]과 같다.

번호	변수 명	디바이스
1	정회전_스위치	X0
2	역회전_스위치	X1
3	정지_스위치	X2
4	과부하계전기_A	X3
5	정회전_출력	Y0
6	역회전_출력	Y1
7	정회전_표시등	Y2
8	역회전_표시등	Y3
9	정지_표시등	Y4
10	부저_출력	Y5

[표 8-3] 변수 리스트

② 래더 프로그램

위의 변수 리스트를 참고로 하여 [그림 8-2]의 래더 프로그램을 보고 프로그램을 작성한다.

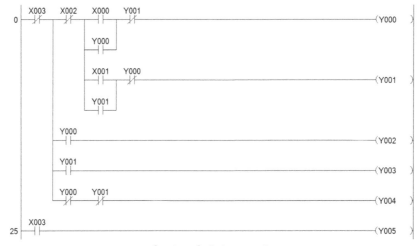

[그림 8-2] 래더 프로그램

바. 프로그램의 컴파일

[그림 8-3]과 같이 메뉴의 'Compile - Build'를 선택하거나, 키보드의 F4 키를 눌러 프로그램을 컴파일한다.

[그림 8-3] 프로그램 컴파일

사. 프로그램 전송

① 프로그램을 전송하기 전에 PC와 PLC의 통신 케이블 연결 상태를 다시 한번 확인한다.

② 메뉴의 'Online - Write to PLC...'를 선택하거나 도구 모음의 🖳 아이콘을 클릭하면 Online Data Operation 창이 나타난다. 'Parameter + Program' 버튼을 눌러 파라미터와 프로그램을 선택한 후 하단의 'Execute' 버튼을 눌러 PLC에 다운로드한다.

③ 앞에서 했던 실습 순서와 동일하게 전송 후 CPU를 RUN시키고 프로그램 작성 창으로 빠져나온다.

⑦ 프로그램 다운로드가 완료되면 모니터링을 위해 메뉴의 'Online - Monitor - Monitor Mode'를 선택하거나 키보드의 F3 키를 눌러 모니터링을 시작한다.

⑧ PLC 실습 장치의 DC 24V 전원 스위치를 ON 한다.

⑨ DMU의 Start-F 스위치를 ON/OFF 한다.

이때 RF가 ON 되고, 1Φ 유도 전동기가 정회전으로 회전하는지 관찰하고 기록한다.

⑩ DMU의 Stop 스위치를 ON/OFF 한다.

이때 RF가 OFF 되고, 1Φ 유도 전동기가 정지하는지 관찰하고 기록한다.

⑪ DMU의 Start-R 스위치를 ON/OFF 한다.

이때 RR이 ON 되고, 1Φ 유도 전동기가 역회전으로 회전하는지 관찰하고 기록한다.

⑫ DMU의 Stop 스위치를 ON/OFF 한다.

이때 RR이 OFF 되고, 1Φ 유도 전동기가 정지하는지 관찰하고 기록한다.

⑬ 다시 DMU의 Start-F 스위치를 눌러 1Φ 유도 전동기를 정회전시킨다.

전동기가 운전하던 중 DMU의 THR 스위치를 O.L 쪽으로 전환한다.

이때 1Φ 유도 전동기가 정지하고, Buzzer가 경부를 발생하는지 관찰하고 기록한다.

⑭ 반복해서 1Φ 유도 전동기의 정/역 운전을 시험한다.

⑮ 운전을 종료하기 위해서 먼저 키보드의 F2 키를 눌러 모니터링을 종료한다.

⑯ PLC 트레이너의 전원 스위치를 OFF 하고 결선을 해체한다.

실습 2. 3Φ 유도 전동기의 직입 기동 운전 실습

1) 실습 목적
- 3Φ 유도 전동기의 직입 기동 운전을 할 수 있다.

2) 준비물
- PLC 트레이너
- Demonstration Unit(DMU)
- 3Φ 유도 전동기 직입 기동 운전용 그래픽 보드(GPB02)
- GX-WORKS2 소프트웨어 툴

3) 관련 이론
[그림 8-4]는 3Φ 유도 전동기의 직입 기동 운전을 실습할 수 있는 보드이다

(1) 유접점 시퀀스 회로에 의한 3Φ 유도 전동기의 직입 기동 운전을 PLC Program으로 제어할 수 있도록 구성한 Graphic Board이다.

(2) 보드 좌측과 우측에 운전에 필요한 각종 신호를 단자로 인출하여 PLC와 접속을 용이하도록 구성하였다.

(3) Demonstration Unit에 3Φ 유도 전동기 직입 기동 운전용 그래픽 보드(DMU-GPB02)를 장착하고, 좌측 하단의 Board Select 스위치를 눌러 그래픽 보드의 중앙 상부에 GPB02 표시등이 점등되면 운전 보드와 장착된 보드가 일치하였음을 표시하는 것이다.

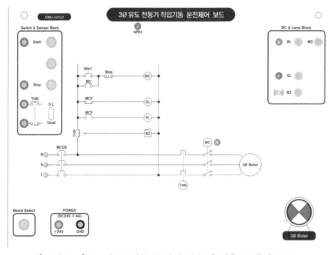

[그림 8-4] 3Φ 유도 전동기 직입 기동 운전용 그래픽 보드

4) 입출력 리스트(I/O List)

(1) 입력 리스트(Input List)

심벌	디바이스	코멘트	내 용
	X0	운전_스위치	운전 스위치(GPB02의 Start 단자)
	X1	정지_스위치	정지 스위치(GPB02의 Stop 단자)
	X2	과부하계전기_A	THR a접점(GPB02의 THR a접점 단자)
DC24V	Com1, Com2		X0 ~ X17까지의 입력 Common.

[표 8-4] 입력 리스트

(2) 출력 리스트(Output List)

심벌	디바이스	코멘트	내 용
	Y0	모터_출력	모터 출력(GPB02의 MC 단자)
	Y1	운전_표시등	운전표시등 출력(GPB02의 RL 단자)
	Y2	정지_표시등	정지 표시등 출력(GPB02의 GL 단자)
	Y3	부저_출력	Buzzer 출력(GPB02의 BZ 단자)
DC24V	Com1		Y0 ~ Y7까지의 출력 Common

[표 8-5] 출력 리스트

5) 실습 순서

(1) 결선과 프로그래밍

가. 리드선을 사용하여 입력 리스트와 같이 결선한다. 이때 그래픽 보드에 신호 출력 레벨이 GND(0V)를 출력되므로, PLC의 입력 Common 단자에 반드시 +24V를 인가해 주어야 한다.

나. 리드선을 사용하여 출력 리스트와 같이 결선한다. 그래픽 보드에 입력 신호 레벨이 +24V 이므로 PLC의 출력 Common 단자에 반드시 +24V를 인가해 주어야 한다.

다. PLC와 PC를 통신 케이블로 연결한다.

라. PC를 켜고 GX-WORKS 2를 실행한다.

마. 프로그램 작성

① 변수 리스트

3Φ 유도 전동기의 직입 기동 운전 보드의 프로그램에 사용된 변수 리스트는 [표 8-6]과 같다.

번호	변수 명	디바이스
1	운전_스위치	X0
2	정지_스위치	X1
3	과부하계전기_A	X2
4	모터_출력	Y0
5	운전_표시등	Y1
6	정지_표시등	Y2
7	부저_출력	Y3

[표 8-6] 변수 리스트

② 래더 프로그램

위의 변수 리스트를 참고로 하여 다음 [그림 8-5]의 래더 프로그램을 보고 프로그램을 작성한다.

```
      X002   X000   X001
 0 ───┤/├────┤ ├────┤/├──────────────────────────────(Y000 )─
              Y000
             ─┤ ├─
              Y000
             ─┤ ├──────────────────────────────────────(Y002 )─
              Y000
             ─┤ ├──────────────────────────────────────(Y001 )─
      X002
13 ───┤ ├────────────────────────────────────────────(Y003 )─
```

[그림 8-5] 래더 프로그램

바. 프로그램의 컴파일

[그림 8-6]과 같이 메뉴의 'Compile - Build'를 선택하거나 키보드의 F4 키를 눌러 프로그램을 컴파일한다.

[그림 8-6] 프로그램 컴파일

사. 프로그램 전송

① 프로그램을 전송하기 전에 PC와 PLC의 통신 케이블 연결 상태를 다시 한번 확인한다.

② 메뉴의 'Online - Write to PLC...'를 선택하거나 도구 모음의 🖳 아이콘을 클릭하면 Online Data Operation 창이 나타난다. 'Parameter + Program' 버튼을 눌러 파라미터와 프로그램을 선택한 후 하단의 'Execute' 버튼을 눌러 PLC에 다운로드한다.

③ 앞에서 했던 실습 순서와 동일하게 전송 후 CPU를 RUN 시키고 프로그램 작성 창으로 빠져나온다.

(2) 모니터링과 기록하기

가. 프로그램 다운로드가 완료되면 모니터링을 위해 메뉴의 'Online - Monitor - Monitor Mode'를 선택하거나 키보드의 F3 키를 눌러 모니터링을 시작한다.

나. PLC 실습 장치의 DC 24V 전원 스위치를 ON 한다.

다. DMU의 Start 스위치를 ON/OFF 한다.

이때 MC가 ON 되고, 3Φ 유도 전동기가 회전하는지 관찰하고 기록한다.

라. DMU의 Stop 스위치를 ON/OFF 한다.

이때 MC가 OFF 되어 3Φ 유도 전동기가 정지하는지 관찰하고 기록한다.

마. 다시 DMU의 Start 스위치를 눌러 3Φ 유도 전동기를 운전한다.

3Φ 유도 전동기가 운전하던 중 DMU의 THR 스위치를 O.L 쪽으로 전환한다.

이때 3Φ 유도 전동기가 정지하고, Buzzer가 경보를 발생하는지 관찰하고 기록한다.

바. 반복해서 3Φ 유도 전동기의 직입 기동 운전을 시험한다.

사. 운전을 종료하기 위해서 먼저 키보드의 F2 키를 눌러 모니터링을 종료한다.

아. PLC 트레이너의 전원 스위치를 OFF 하고 결선을 해체한다.

실습 3. 3Φ 유도 전동기의 정/역 운전 실습

1) 실습 목적
- 3Φ 유도 전동기의 정/역 운전을 할 수 있다.

2) 준비물
- PLC 트레이너
- Demonstration Unit(DMU)
- 3Φ 유도 전동기 정/역 운전용 그래픽 보드(GPB03)
- GX-WORKS 2 소프트웨어 툴

3) 관련 이론
[그림 8-7]은 3Φ 유도 전동기의 정/역 운전을 실습할 수 있는 보드이다.

(1) 유접점 시퀀스 회로에 의한 3Φ 유도 전동기의 정/역 운전을 PLC Program으로 제어할 수 있도록 구성한 Graphic Board이다.

(2) 보드 좌측과 우측에 운전에 필요한 각종 신호를 단자로 인출하여 PLC와 접속을 용이하도록 구성하였다.

(3) Demonstration Unit에 3Φ 유도 전동기 정/역 운전용 그래픽 보드(DMU-GPB03)를 장착하고, 좌측 하단의 Board Select 스위치를 눌러 그래픽 보드의 중앙 상부에 GPB03 표시등이 점등되면 운전 보드와 장착된 보드가 일치하였음을 표시하는 것이다.

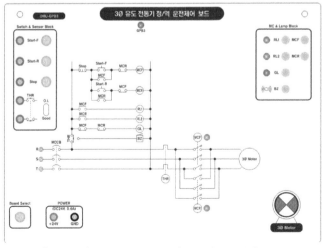

[그림 8-7] 3Φ 유도 전동기 정/역 운전용 그래픽 보드

4) 입출력 리스트(I/O List)

(1) 입력 리스트(Input List)

심벌	디바이스	코멘트	내　　　용
	X0	정회전_스위치	정회전 스위치(GPB03의 Start-F 단자)
	X1	역회전_스위치	역회전 스위치(GPB03의 Start-R 단자)
	X2	정지_스위치	정지 스위치(GPB03의 Stop 단자)
	X3	과부하계전기_A	THR a접점(GPB03의 THR a접점 단자)
DC24V	Com1, Com2		X0 ~ X17까지의 입력 Common

[표 8-7] 입력 리스트

(2) 출력 리스트(Output List)

심벌	디바이스	코멘트	내　　　용
	Y0	정회전_출력	전동기의 정회전 출력(GPB03의 MCF 단자)
	Y1	역회전_출력	전동기의 역회전 출력(GPB03의 MCR 단자)
	Y2	정회전_표시등	정회전 표시등 출력(GPB03의 RL1 단자)
	Y3	역회전_표시등	역회전 표시등 출력(GPB03의 RL2 단자)
	Y4	정지_표시등	정지 표시등 출력(GPB03의 GL 단자)
	Y5	부저_출력	Buzzer 출력(GPB03의 BZ 단자)
DC24V	Com1		Y0 ~ Y7까지의 출력 Common

[표 8-8] 출력 리스트

5) 실습 순서

(1) 결선과 프로그래밍

가. 리드선을 사용하여 입력 리스트와 같이 결선한다. 이때 그래픽 보드에 신호 출력 레벨이 GND(0V)로 출력되므로, PLC의 입력 Common 단자에 반드시 +24V를 인가해 주어야 한다.

나. 리드선을 사용하여 출력 리스트와 같이 결선한다. 그래픽 보드에 입력 신호 레벨이 +24V 이므로 PLC의 출력Common 단자에 반드시 +24V를 인가해 주어야 한다.

다. PLC와 PC를 통신 케이블로 연결한다.

라. PC를 켜고 GX-WORKS2를 실행한다.

마. 프로그램 작성

① 변수 리스트

1Φ 유도 전동기의 정/역 운전 보드의 프로그램에 사용된 변수 리스트는 다음 [표 8-9]와 같다.

번호	변수 명	디바이스
1	정회전_스위치	X0
2	역회전_스위치	X1
3	정지_스위치	X2
4	과부하계전기_A	X3
5	정회전_출력	Y0
6	역회전_출력	Y1
7	정회전_표시등	Y2
8	역회전_표시등	Y3
9	정지_표시등	Y4
10	부저_출력	Y5

[표 8-9] 변수 리스트

② 래더 프로그램

위의 변수 리스트를 참고로 하여 [그림 8-8]의 래더 프로그램을 보고 프로그램을 작성한다.

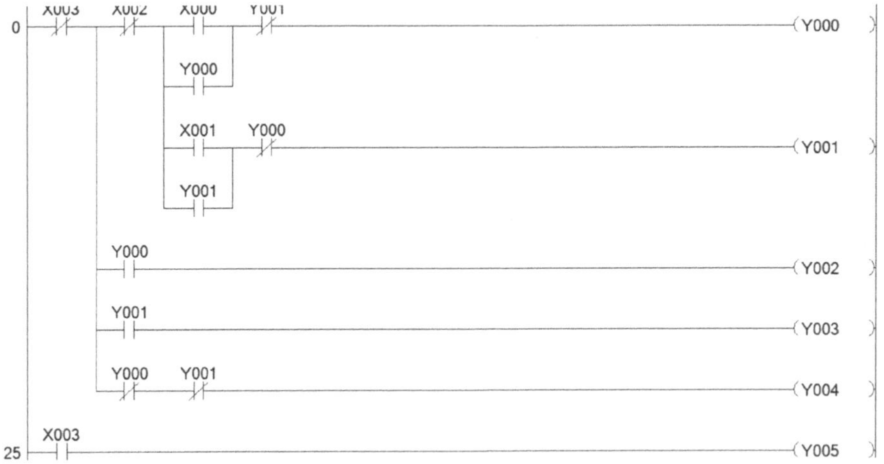

[그림 8-8] 래더 프로그램

바. 프로그램의 컴파일

[그림 8-9]와 같이 메뉴의 'Compile – Build'를 선택하거나 키보드의 F4 키를 눌러 프로그램을 컴파일한다.

[그림 8-9] 프로그램 컴파일

사. 프로그램 전송

① 프로그램을 전송하기 전에 PC와 PLC의 통신 케이블 연결 상태를 다시 한번 확인한다.

② 메뉴의 'Online - Write to PLC…'를 선택하거나 도구 모음의 🖳 아이콘을 클릭하면 Online Data Operation 창이 나타난다. 'Parameter + Program' 버튼을 눌러 파라미터와 프로그램을 선택한 후 하단의 'Execute' 버튼을 눌러 PLC에 다운로드한다.

③ 앞에서 했던 실습 순서와 동일하게 전송 후 CPU를 RUN 시키고 프로그램 작성 창으로 빠져나온다.

(2) 모니터링과 기록하기

가. 프로그램 다운로드가 완료되면 모니터링을 위해 메뉴의 'Online - Monitor - Monitor Mode'를 선택하거나 키보드의 F3 키를 눌러 모니터링을 시작한다.

나. PLC 실습 장치의 DC 24V 전원 스위치를 ON 한다.

다. DMU의 Start-F 스위치를 ON/OFF 한다.

이때 MCF가 ON 되고, 3Φ 유도 전동기가 정회전으로 회전하는지 관찰하고 기록한다.

라. DMU의 Stop 스위치를 ON/OFF 한다.

MCF가 OFF 되고, 3Φ 유도 전동기가 정지하는지 관찰하고 기록한다.

마. DMU의 Start-R 스위치를 ON/OFF 한다.

MCR이 ON 되고, 3Φ 유도 전동기가 역회전으로 회전하는지 관찰하고 기록한다.

바. DMU의 Stop 스위치를 ON/OFF 한다.

이때 MCR이 OFF 되고, 3Φ 유도 전동기가 정지하는지 관찰하고 기록한다.

사. 다시 DMU의 Start-F 스위치를 눌러 3Φ 유도 전동기를 정회전시킨다.

전동기가 운전하던 중 DMU의 THR 스위치를 O.L 쪽으로 전환한다.

이때 3Φ 유도 전동기가 정지하고, Buzzer가 경보를 발생하는지 관찰하고 기록한다.

아. 반복해서 3Φ 유도 전동기의 정/역 운전을 시험한다.

자. 운전을 종료하기 위해서 먼저 키보드의 F2 키를 눌러 모니터링을 종료한다.

차. PLC 트레이너의 전원 스위치를 OFF 하고 결선을 해체한다.

실습 4. 3Φ 유도 전동기의 Y-△ 운전 실습

1) 실습 목적
- 3Φ 유도 전동기의 Y-△ 운전을 할 수 있다.

2) 준비물
- PLC 트레이너
- Demonstration Unit(DMU)
- 3Φ 유도 전동기 Y-△ 운전용 그래픽 보드(GPB04)
- GX-WORKS 2 소프트웨어 툴

3) 관련 이론
[그림 8-10]은 3Φ 유도 전동기의 Y-△ 운전을 실습할 수 있는 보드이다.

(1) 유접점 시퀀스 회로에 의한 3Φ 유도 전동기의 Y-△ 운전을 PLC Program으로 제어할 수 있도록 구성한 Graphic Board이다.

(2) 보드 좌측과 우측에 운전에 필요한 각종 신호를 단자로 인출하여 PLC와 접속을 용이하도록 구성하였다.

(3) Demonstration Unit에 3Φ 유도 전동기 Y-△ 운전용 그래픽 보드(DMU-GPB04)를 장착하고, 좌측 하단의 Board Select 스위치를 눌러 그래픽 보드의 중앙 상부에 GPB04 표시등이 점등되면 운전 보드와 장착된 보드가 일치하였음을 표시하는 것이다.

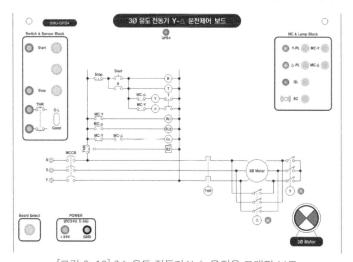

[그림 8-10] 3Φ 유도 전동기 Y-△ 운전용 그래픽 보드

4) 입출력 리스트(I/O List)

(1) 입력 리스트(Input List)

심벌	디바이스	코멘트	내 용
	X0	운전_스위치	운전 스위치(GPB04의 Start 단자)
	X1	정지_스위치	정지 스위치(GPB04의 Stop 단자)
	X2	과부하계전기_A	THR a접점(GPB04의 THR a접점 단자)
DC24V	Com1, Com2		X0 ~ X17까지의 입력 Common

[표 8-10] 입력 리스트

(2) 출력 리스트(Output List)

심벌	디바이스	코멘트	내용
	Y0	MC_Y_출력	MC-Y 출력(GPB04의 MC-Y 단자)
	Y1	MC_Δ_출력	MC-Δ 출력(GPB04의 MC-Δ 단자)
	Y2	MC_Y_표시등	Y기동 표시등 출력(GPB04의 Y-PL 단자)
	Y3	MC_Δ_표시등	Δ운전 표시등 출력(GPB04의 Δ-PL 단자)
	Y4	정지_표시등	정지 표시등 출력(GPB04의 GL 단자)
	Y5	부저_출력	Buzzer 출력(GPB04의 BZ 단자)
DC24V	Com1		Y0 ~ Y7까지의 출력 Common

[표 8-11] 출력 리스트

5) 실습 순서

(1) 리드선을 사용하여 입력 리스트와 같이 결선한다. 이때 그래픽 보드에 신호 출력 레벨이 GND(0V)를 출력되므로, PLC의 입력 Common 단자에 반드시 +24V를 인가해 주어야 한다.

(2) 리드선을 사용하여 출력 리스트와 같이 결선한다. 그래픽 보드에 입력 신호 레벨이 +24V이므로 PLC의 출력 Common 단자에 반드시 +24V를 인가해 주어야 한다.

(3) PLC와 PC를 통신 케이블로 연결한다.

(4) PC를 켜고 GX-WORKS 2를 실행한다.

(5) 프로그램 작성

① 변수 리스트

3Φ 유도 전동기의 Y-Δ 운전 보드의 프로그램에 사용된 변수 리스트는 다음 [표 8-12]와 같다.

번호	변수 명	디바이스
1	운전_스위치	X00
2	정지_스위치	X01
3	과부하계전기_A	X02
4	MC_Y_출력	Y20
5	MC_Δ_출력	Y21
6	MC_Y_표시등	Y22
7	MC_Δ_표시등	Y23
8	정지_표시등	Y24
9	부저_출력	Y25
10	MCS0	M0
11	릴레이	M1
12	타이머0	T0

[표 8-12] 변수 리스트

② 래더 프로그램

위의 변수 리스트를 참고로 하여 [그림 8-11]의 래더 프로그램을 보고 프로그램을 작성한다.

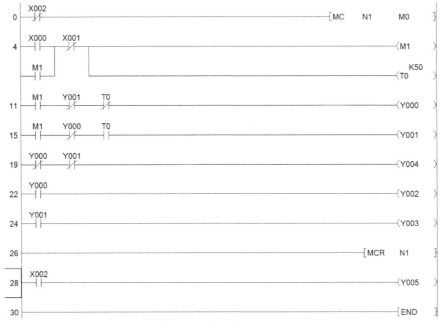

[그림 8-11] 래더 프로그램

(6) 프로그램의 컴파일

[그림 8-12]와 같이 메뉴의 'Compile – Build'를 선택하거나 키보드의 F4 키를 눌러 프로그램을 컴파일한다.

[그림 8-12] 프로그램 컴파일

(7) 프로그램 전송

가. 프로그램을 전송하기 전에 PC와 PLC의 통신 케이블 연결 상태를 다시 한번 확인한다.

나. 메뉴의 'Online - Write to PLC…'를 선택하거나 도구 모음의 ⬛➡ 아이콘을 클릭하면 Online Data Operation 창이 나타난다. 'Parameter + Program' 버튼을 눌러 파라미터와 프로그램을 선택한 후 하단의 'Execute' 버튼을 눌러 PLC에 다운로드한다.

③ 앞에서 했던 실습 순서와 동일하게 전송 후 CPU를 RUN 시키고 프로그램 작성 창으로 빠져나온다.

사. 프로그램 다운로드가 완료되면 모니터링을 위해 메뉴의 'Online - Monitor - Monitor Mode'를 선택하거나 키보드의 F3 키를 눌러 모니터링을 시작한다.

아. PLC 실습 장치의 DC 24V 전원 스위치를 ON 한다.

자. DMU의 Start 스위치를 ON/OFF 한다.

이때 MC-Y가 ON 되고 3Φ 유도 전동기가 Y 결선으로 기동하는지 관찰하고 기록한다.

차. 약 5초 후 MC-Δ가 ON 되고, 3Φ 유도 전동기가 Δ 결선으로 운전되는가.

카. DMU의 Stop 스위치를 ON/OFF 한다.

3Φ 유도 전동기가 정지하는지 관찰하고 기록한다.

타. 다시 DMU의 Start 스위치를 눌러 3Φ 유도 전동기를 기동한다.

약 5초 후 유도 전동기가 Δ 결선으로 운전하던 중 THR 스위치를 O.L 쪽으로 전환한다.

이때 3Φ 유도 전동기가 정지하고, Buzzer가 경보를 발생하는지 관찰하고 기록한다.

파. 반복해서 3Φ 유도 전동기의 Y-Δ 운전을 시험한다.

하. 운전을 종료하기 위해서 먼저 키보드의 F2 키를 눌러 모니터링을 종료한다.

PLC 트레이너의 전원 스위치를 OFF 하고 결선을 해체한다.

실습 5. 2차로 교통 신호등 운전 실습

1) 실습 목적
- 2차로 교통 신호등 운전을 할 수 있다.

2) 준비물
- PLC 트레이너
- Demonstration Unit.(DMU)
- 2차로 교통 신호등 운전용 그래픽 보드(GPB05)
- GX-WORKS 2 소프트웨어 툴

3) 관련 이론
[그림 8-13]은 2차로 교통 신호등 제어를 실습할 수 있는 보드이다.

(1) 2차로 교통 신호등을 PLC Program으로 제어할 수 있도록 구성한 Graphic Board 이다.

(2) 보드 좌측과 우측에 운전에 필요한 각종 신호를 단자로 인출하여 PLC와 접속을 용이하도록 구성하였다.

(3) Demonstration Unit에 2차로 교통 신호등 운전용 그래픽 보드(DMU-GPB05)를 장착하고, 좌측 하단의 Board Select 스위치를 눌러 그래픽 보드의 중앙 상부에 GPB05 표시등이 점등되면 운전 보드와 장착된 보드가 일치하였음을 표시하는 것이다.

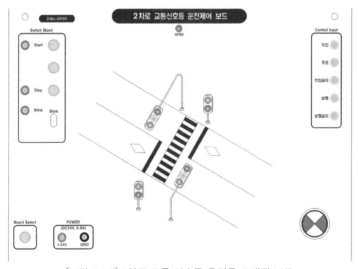

[그림 8-13] 2차로 교통 신호등 운전용 그래픽 보드

4) 입출력 리스트(I/O List)

(1) 입력 리스트(Input List)

심벌	디바이스	코멘트	내　　　용
	X0	운전_스위치	운전 스위치(GPB05의 Start 단자)
	X1	정지_스위치	정지 스위치(GPB05의 Stop 단자)
	X2	Blink_스위치	Blink 스위치(GPB05의 Blink 단자)
	Com1, Com2		X0 ~ X17까지의 입력 Common

[표 8-13] 입력 리스트

(2) 출력 리스트(Output List)

심벌	디바이스	코멘트	내용
	Y0	직진_출력	직진신호 출력(GPB05의 직진 단자)
	Y1	주의_출력	주의신호 출력(GPB05의 주의 단자)
	Y2	금지_출력	금지신호 출력(GPB05의 금지 단자)
	Y3	보행_출력	보행신호 출력(GPB05의 보행 단자)
	Y4	보행정지_출력	보행정지 출력(GPB05의 보행 정지 단자)
	Com1		Y0 ~ Y7까지의 출력 Common.

[표 8-14] 출력 리스트

5) 실습 순서

(1) 결선과 프로그래밍

가. 리드선을 사용하여 입력 리스트와 같이 결선한다. 이때 그래픽 보드에 신호 출력 레벨이 GND(0V)를 출력되므로 PLC의 입력 Common 단자에 반드시 +24V를 인가해 주어야 한다.

나. 리드선을 사용하여 출력 리스트와 같이 결선한다. 그래픽 보드에 입력 신호 레벨이 +24V 이므로 PLC의 출력 Common 단자에 반드시 +24V를 인가해 주어야 한다.

다. PLC와 PC를 통신 케이블로 연결한다.

라. PC를 키고 GX-WORKS 2를 실행하다.

마. 프로그램 작성

① 변수 리스트

2차로 교통 신호등 운전 보드의 프로그램에 사용된 변수 리스트는 다음 [표 8-15]와 같다.

번호	변수 명	디바이스
1	운전_스위치	X0
2	정지_스위치	X1
3	Blink_스위치	X2
4	직진_출력	Y0
5	주의_출력	Y1
6	금지_출력	Y2
7	보행_출력	Y3
8	보행 정지_출력	Y4
9	시스템_운전	M0
10	MCS0	M1
11	직진_신호	M2
12	주의_신호	M3
13	금지_신호	M4
14	보행_신호	M5
15	보행 금지_신호	M6
16	1초 클럭	M8013
17	타이머0	T0
18	타이머1	T1
19	타이머2	T2
20	타이머3	T3
21	타이머4	T4
22	타이머5	T5

[표 8-15] 변수 리스트

② 래더 프로그램

위의 변수 리스트를 참고로 하여 다음 [그림 8-14]의 래더 프로그램을 보고 프로그램을 작성한다.

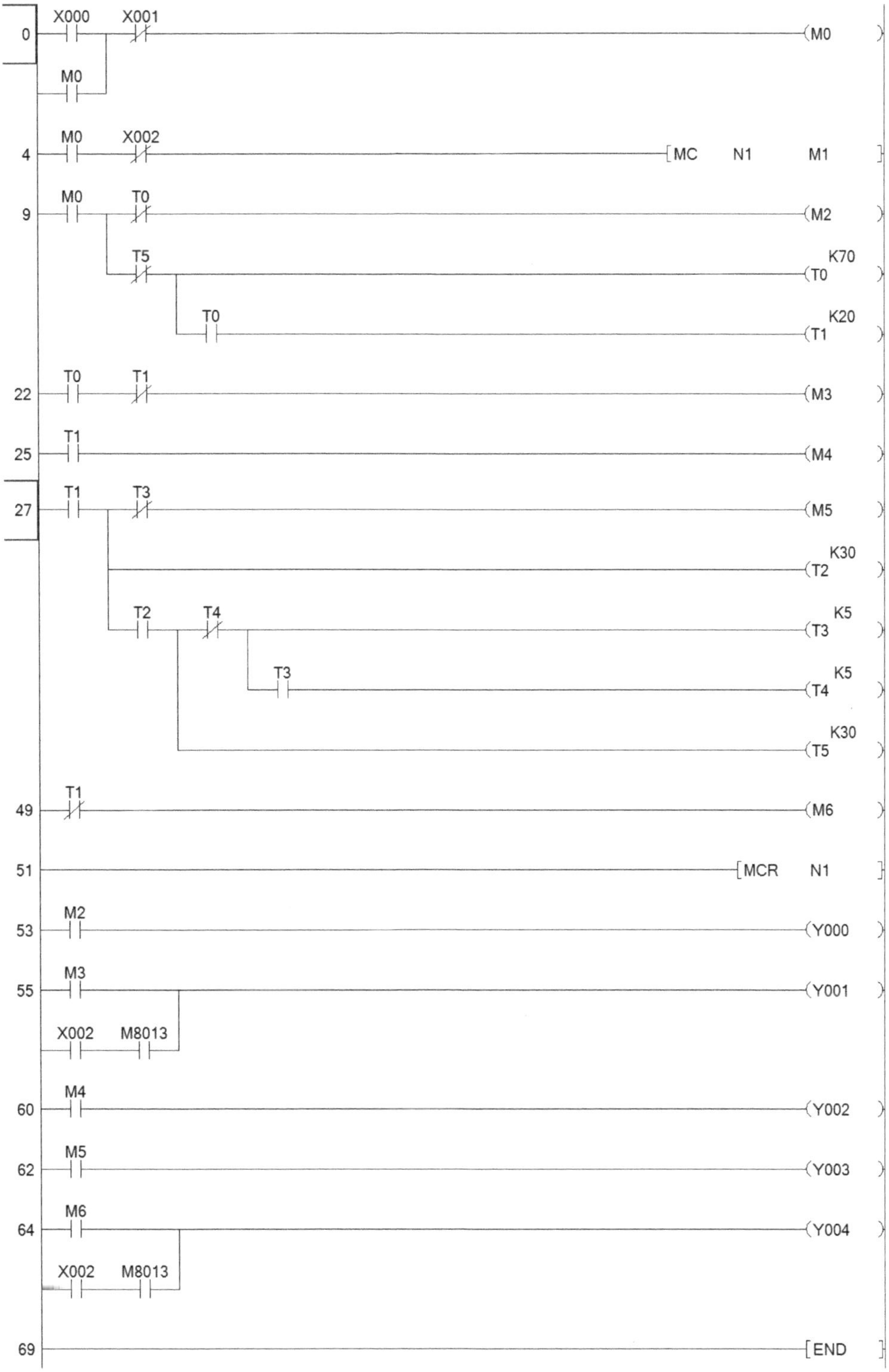

```
 0    X000  X001                                                      (M0  )
      ─┤ ├──┤/├─────────────────────────────────────────────────────(M0  )
      M0
      ─┤ ├─

 4    M0    X002                                              ─[ MC    N1    M1 ]
      ─┤ ├──┤/├

 9    M0    T0                                                        (M2  )
      ─┤ ├──┤/├─────────────────────────────────────────────────────(M2  )
            T5                                                    K70
            ┤/├──────────────────────────────────────────────────(T0  )
                  T0                                              K20
                  ┤ ├────────────────────────────────────────────(T1  )

22    T0    T1                                                        (M3  )
      ─┤ ├──┤/├─────────────────────────────────────────────────────(M3  )

25    T1                                                              (M4  )
      ─┤ ├─────────────────────────────────────────────────────────(M4  )

27    T1    T3                                                        (M5  )
      ─┤ ├──┤/├─────────────────────────────────────────────────────(M5  )
                                                                 K30
      ───────────────────────────────────────────────────────────(T2  )
            T2    T4                                              K5
            ┤ ├──┤/├──────────────────────────────────────────────(T3  )
                        T3                                        K5
                        ┤ ├────────────────────────────────────────(T4  )
                                                                 K30
      ───────────────────────────────────────────────────────────(T5  )

49    T1                                                              (M6  )
      ─┤/├─────────────────────────────────────────────────────────(M6  )

51                                                           ─[ MCR    N1 ]

53    M2                                                             (Y000)
      ─┤ ├────────────────────────────────────────────────────────(Y000)

55    M3                                                             (Y001)
      ─┤ ├────────────────────────────────────────────────────────(Y001)
      X002  M8013
      ─┤ ├──┤ ├─

60    M4                                                             (Y002)
      ─┤ ├────────────────────────────────────────────────────────(Y002)

62    M5                                                             (Y003)
      ─┤ ├────────────────────────────────────────────────────────(Y003)

64    M6                                                             (Y004)
      ─┤ ├────────────────────────────────────────────────────────(Y004)
      X002  M8013
      ─┤ ├──┤ ├─

69                                                                  ─[END ]
```

[그림 8-14] 래더 프로그램

바. 프로그램의 컴파일

[그림 8-15]와 같이 메뉴의 'Compile – Build'를 선택하거나 키보드의 F4 키를 눌러 프로그램을 컴파일한다.

[그림 8-15] 프로그램 컴파일

사. 프로그램 전송

① 프로그램을 전송하기 전에 PC와 PLC의 통신 케이블 연결 상태를 다시 한번 확인한다.

② 메뉴의 'Online - Write to PLC...'를 선택하거나 도구 모음의 ![icon] 아이콘을 클릭하면 Online Data Operation 창이 나타난다. 'Parameter + Program' 버튼을 눌러 파라미터와 프로그램을 선택한 후 하단의 'Execute' 버튼을 눌러 PLC에 다운로드한다.

③ 앞에서 했던 실습 순서와 동일하게 전송 후 CPU를 RUN 시키고 프로그램 작성 창으로 빠져나온다.

(2) 모니터링과 기록하기

가. 프로그램 다운로드가 완료되면 모니터링을 위해 메뉴의 'Online - Monitor - Monitor Mode'를 선택하거나 키보드의 F3 키를 눌러 모니터링을 시작한다.

나. PLC 실습 장치의 DC 24V 전원 스위치를 ON 한다.

다. DMU의 Start 스위치를 ON/OFF 한다.

이때 직진 표시등과 보행 금지 표시등이 점등되는지 관찰하고 기록한다.

라. 약 7초 후 주의 표시등이 점등되는지 관찰하고 기록한다.

마. 약 2초 후 금지 표시등과 보행 표시등이 점등되는지 관찰하고 기록한다.

바. 약 3초 후 보행 표시등이 점멸하는지 관찰하고 기록한다.

사. 약 3초 후 직진 표시등과 보행 금지 표시등이 점등되는지 관찰하고 기록한다.

아. DMU의 Stop 스위치를 ON/OFF 한다.

이때 PLC의 모든 출력이 OFF 되어 모든 표시등이 소등되는지 관찰하고 기록한다.

자. 다시 DMU의 Start 스위치를 눌러 2차로 교통 신호등을 동작시킨다.

신호등 동작 중 Blink 스위치를 Blink 쪽으로 전환한다.

이때 주의 표시등과 보행 금지 표시등이 점멸하는지 관찰하고 기록한다.

차. 반복해서 2차로 교통 신호등 운전을 시험한다.

카. 운전을 종료하기 위해서 먼저 키보드의 F2 키를 눌러 모니터링을 종료한다.

(3) 검토 및 고찰하기

가. 위 회로를 동작시켜 보고 전체적인 동작 내용을 기록한다.

나. 실습이 끝나면 모든 전원 스위치를 OFF 하고 정리 정돈 한다.

다. 실습에서 Blink_스위치의 역할은 무엇인지 찾아보고 설명한다.

실습 6. 3층식 엘리베이터 운전 실습

1) 실습 목적
- 3층식 엘리베이터 운전을 할 수 있다.

2) 준비물
- PLC 트레이너
- Demonstration Unit(DMU)
- 3층식 엘리베이터 운전용 그래픽 보드(GPB06)
- GX-WORKS2 소프트웨어 툴

3) 관련 이론
[그림 8-16]은 3층식 엘리베이터 운전을 실습할 수 있는 보드이다.

(1) 3층으로 구성된 엘리베이터를 PLC Program으로 제어할 수 있도록 구성한 Graphic Board이다.

(2) 보드 좌측과 우측에 운전에 필요한 각종 신호를 단자로 인출하여 PLC와 접속을 용이하도록 구성하였다.

(3) Demonstration Unit에 3층식 엘리베이터 운전용 그래픽 보드(DMU-GPB06)를 장착하고, 좌측 하단의 Board Select 스위치를 눌러 그래픽 보드의 중앙 상부에 GPB06 표시등이 점등되면 운전 보드와 장착된 보드가 일치하였음을 표시하는 것이다.

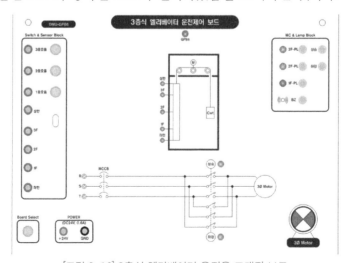

[그림 8-16] 3층식 엘리베이터 운전용 그래픽 보드

4) 입출력 리스트(I/O List)

(1) 입력 리스트(Input List)

심벌	디바이스	코멘트	내용
	X0	F3호출_스위치	3층 호출/전송 스위치(GPB06의 3F호출 단자)
	X1	F2호출_스위치	3층 호출/전송 스위치(GPB06의 2F호출 단자)
	X2	F1호출_스위치	1층 호출/전송 스위치(GPB06의 1F호출 단자)
	X3	상승한계_센서	상승한계 검출센서(GPB06의 상승한계 단자)
	X4	F3층검출_센서	3층 검출 센서(GPB06의 3F 단자)
	X5	F2층검출_센서	2층 검출 센서(GPB06의 2F 단자)
	X6	F1층검출_센서	1층 검출 센서(GPB06의 1F 단자)
DC24V	Com1, Com2		X0 ~ X17까지의 입력 Common.

[표 8-16] 입력 리스트

(2) 출력 리스트(Output List)

심벌	디바이스	코멘트	내용
	Y0	상승_출력	엘리베이터 상승 출력(GPB06의 상승 단자)
	Y1	하강_출력	엘리베이터 하강 출력(GPB06의 하강 단자)
	Y2	F3위치_표시등	3층 표시등 출력(GPB06의 3F-PL 단자)
	Y3	F2위치_표시등	2층 표시등 출력(GPB06의 2F-PL 단자)
	Y4	F1위치_표시등	1층 표시등 출력(GPB06의 1F-PL 단자)
	Y5	부저_출력	부저 출력(GPB06의 BZ 단자)
DC24V	Com1		Y0 ~ Y7까지의 출력 Common

[표 8-17] 출력 리스트

5) 실습 순서

(1) 결선과 프로그래밍

가. 리드선을 사용하여 입력 리스트와 같이 결선한다. 이때 그래픽 보드에 신호 출력 레벨이 GND(0V)를 출력되므로 PLC의 입력 Common 단자에 반드시 +24V를 인가해 주어야 한다.

나. 리드선을 사용하여 출력 리스트와 같이 결선한다. 그래픽 보드에 입력 신호 레벨이 +24V 이므로 PLC의 출력Common 단자에 반드시 +24V를 인가해 주어야 한다.

다. PLC와 PC를 통신 케이블로 연결한다.

라. PC를 켜고 GX-WORKS 2를 실행한다.

마. 프로그램 작성

① 변수 리스트

3층식 엘리베이터 운전 프로그램에 사용된 변수 리스트는 다음 [표 8-18]과 같다.

번호	변수 명	디바이스
1	F3호출_스위치	X0
2	F2호출_스위치	X1
3	F1호출_스위치	X2
4	상승한계_센서	X3
5	F3층검출_센서	X4
6	F2층검출_센서	X5
7	F1층검출_센서	X6
8	하강한계_센서	X7
9	상승_출력	Y0
10	하강_출력	Y1
11	F3위치_표시등	Y2
12	F2위치_표시등	Y3
13	F1위치_표시등	Y4
14	부저_출력	Y5
15	상승1	M0
16	상승2	M1

17	상승3	M2
18	하강1	M3
19	하강2	M4
20	하강3	M5
21	초기화_하강	M6
22	초기화_상승	M7
23	0.1초 클럭	M8012
24	1초 클럭	M8013

[표 8-18] 변수 리스트

② 래더 프로그램

위의 변수 리스트를 참고로 하여 다음 [그림 8-17]의 래더 프로그램을 보고 프로그램을 작성한다.

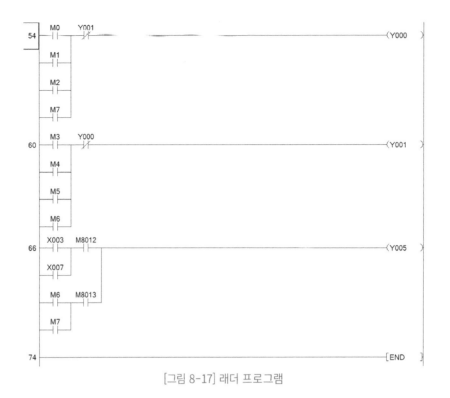

[그림 8-17] 래더 프로그램

바. 프로그램의 컴파일

[그림 8-18]과 같이 메뉴의 'Compile – Build'를 선택하거나 키보드의 F4 키를 눌러 프로그램을 컴파일한다.

[그림 8-18] 프로그램 컴파일

사. 프로그램 전송

① 프로그램을 전송하기 전에 PC와 PLC의 통신 케이블 연결 상태를 다시 한번 확인한다.

② 메뉴의 'Online - Write to PLC...'를 선택하거나 도구 모음의 ![icon] 아이콘을 클릭하면 Online Data Operation 창이 나타난다. 'Parameter + Program' 버튼을 눌러 파라미터와 프로그램을 선택한 후 하단의 'Execute' 버튼을 눌러 PLC에 다운로드한다.

③ 앞에서 했던 실습 순서와 동일하게 전송 후 CPU를 RUN 시키고 프로그램 작성 창으로 빠져나온다.

(2) 모니터링과 기록하기

가. 프로그램 다운로드가 완료되면 모니터링을 위해 메뉴의 'Online - Monitor - Monitor Mode'를 선택하거나 키보드의 F3 키를 눌러 모니터링을 시작한다.

나. PLC 실습 장치의 DC 24V 전원 스위치를 ON 한다.

다. DMU의 2F 호출 스위치를 ON/OFF 한다.

엘리베이터가 상승하고, 2F 신호가 ON 되면 엘리베이터가 정지하는지 관찰하고 기록한다.

엘리베이터가 2층에 도착하면 2F-PL 표시등이 점등되는지 관찰하고 기록한다.

라. DMU의 3F 호출 스위치를 ON/OFF 한다.

엘리베이터가 상승하고, 3F 신호가 ON 되면 엘리베이터가 정지하는지 관찰하고 기록한다.

엘리베이터가 3층에 도착하면 3F-PL 표시등이 점등되는지 관찰하고 기록한다.

마. DMU의 1F 호출 스위치를 ON/OFF 한다.

엘리베이터가 하강하고 1F 신호가 ON 되면 엘리베이터가 정지하는지 관찰하고 기록한다.

엘리베이터가 1층에 도착하면 1F-PL 표시등이 점등되는지 관찰하고 기록한다.

바. DMU의 3F 호출 스위치를 ON/OFF 한다.

엘리베이터가 2층에서 멈추지 않고 3층까지 상승하는지 관찰하고 기록한다.

엘리베이터가 3층에 도착하면 3F-PL 표시등이 점등되는지 관찰하고 기록한다.

사. DMU의 1F 호출 스위치를 ON/OFF한다.

엘리베이터가 역시 2층에서 멈추지 않고 1층까지 하강하는지 관찰하고 기록한다.

엘리베이터가 1층에 도착하면 1F-PL 표시등이 점등되는지 관찰하고 기록한다.

아. 3F 신호 단자에 접속된 리드선을 분리한 후 3F 호출 스위치를 ON/OFF 한다.

엘리베이터가 상승하던 중 3층을 지나 상승한계 신호가 ON 되면 엘리베이터가 정지하는지 관찰하고 기록한다.

부저가 약 0.2초 간격으로 단속음을 발생하는지 관찰하고 기록한다.

자. 부저가 단속음을 발생하던 중 DMU의 1F 호출 스위치를 ON/OFF 한다.

부저가 약 0.5초 간격으로 단속음을 발생하며 엘리베이터가 1층으로 하강하는지 관찰하고 기록한다.

엘리베이터가 1층에 도착하면 부저와 엘리베이터가 정지하고, 1F-PL 표시등이 점등되는지 관찰하고 기록한다.

차. 반복해서 각 층에서의 호출 스위치를 눌러 3층식 엘리베이터 운전을 계속한다.

카. 운전을 종료하기 위해서 먼저 키보드의 F2 키를 눌러 모니터링을 종료한다.

(3) 검토 및 고찰하기

가. 위 회로를 동작시켜 보고 전체적인 동작 내용을 기록한다.

나. 실습이 끝나면 모든 전원 스위치를 OFF 하고 정리 정돈 한다.

다. 실습에서 상승 한계(리미트)_센서와 하강 한계(리미트)_센서의 역할은 무엇인지 찾아보고 설명한다.

실습 7. 자동 양수 장치 운전 1 실습

1) 실습 목적

- 플로트 스위치를 이용한 자동 양수 장치 운전을 할 수 있다.

2) 준비물

- PLC 트레이너
- Demonstration Unit(DMU)
- 자동 양수 장치 운전 1용 그래픽 보드(GPB07)
- GX-WORKS 2 소프트웨어 툴

3) 관련 이론

[그림 8-19]는 자동 양수 장치 운전을 실습할 수 있는 보드이다.

(1) 플로트 스위치에 의해 수위를 검출하고, Pump와 Valve를 이용하여 수조의 수위를 PLC Program으로 제어할 수 있도록 구성한 Graphic Board이다.

(2) 보드 좌측과 우측에 운전에 필요한 각종 신호를 단자로 인출하여 PLC와 접속을 용이하도록 구성하였다.

(3) Demonstration Unit에 자동 양수 장치 운전 1용 그래픽 보드(DMU-GPB07)를 장착하고, 좌측 하단의 Board Select 스위치를 눌러 그래픽 보드의 중앙 상부에 GPB07 표시등이 점등되면 운전 보드와 장착된 보드가 일치하였음을 표시하는 것이나.

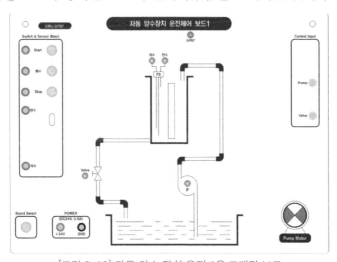

[그림 8-19] 자동 양수 장치 운전 1용 그래픽 보드

4) 입출력 리스트(I/O List)

(1) 입력 리스트(Input List)

심벌	디바이스	코멘트	내용
	X0	운전_스위치	운전 스위치(GPB07의 Start 단자)
	X1	밸브_스위치	밸브 스위치(GPB07의 Valve 단자)
	X2	정지_스위치	정지 스위치(GPB07의 Stop 단자)
	X3	만수검출_센서	만수위 검출 센서(GPB07의 만수 단자)
	X4	저수검출_센서	저수위 검출 센서(GPB07의 저수 단자)
DC24V	Com1, Com2		X0 ~ X17까지의 입력 Common

[표 8-19] 입력 리스트

(2) 출력 리스트(Output List)

심벌	디바이스	코멘트	내용
	Y0	펌프_출력	펌프 출력(GPB07의 Pump 단자)
	Y1	밸브_출력	배수용 밸브 출력(GPB07의 Valve 단자)
DC24V	Com1		Y0 ~ Y7까지의 출력 Common

[표 8-20] 출력 리스트

5) 실습 순서

(1) 결선과 프로그래밍

가. 리드선을 사용하여 입력 리스트와 같이 결선한다. 이때 그래픽 보드에 신호 출력 레벨이 GND(0V)를 출력되므로 PLC의 입력 Common 단자에 반드시 +24V를 인가해 주어야 한다.

나. 리드선을 사용하여 출력 리스트와 같이 결선한다. 그래픽 보드에 입력 신호 레벨이 +24V 이므로 PLC의 출력Common 단자에 반드시 +24V를 인가해 주어야 한다.

다. PLC와 PC를 통신 케이블로 연결한다.

라. PC를 켜고 GX-WORKS 2를 실행한다.

마. 프로그램 작성

① 변수 리스트

자동 양수 장치 운전 1 보드의 프로그램에 사용된 변수 리스트는 다음 [표 8-21]과 같다.

번호	변수 명	디바이스
1	운전_스위치	X0
2	밸브_스위치	X1
3	정지_스위치	X2
4	만수검출_센서	X3
5	저수검출_센서	X4
6	펌프_출력	Y0
7	밸브_출력	Y1
8	MCS0	M0
9	시스템_운전	M1

[표 8-21] 변수 리스트

② 래더 프로그램

위의 변수 리스트를 참고로 하여 다음 [그림 8-20]의 래더 프로그램을 보고 프로그램을 작성한다.

[그림 8-20] 래더 프로그램

바. 프로그램의 컴파일

[그림 8-21]과 같이 메뉴의 'Compile – Build'를 선택하거나, 키보드의 F4 키를 눌러 프로그램을 컴파일한다.

[그림 8-21] 프로그램 컴파일

사. 프로그램 전송

① 프로그램을 전송하기 전에 PC와 PLC의 통신 케이블 연결 상태를 다시 한번 확인한다.

② 메뉴의 'Online - Write to PLC...'를 선택하거나 도구 모음의 ⬛ 아이콘을 클릭하면 Online Data Operation 창이 나타난다. 'Parameter + Program' 버튼을 눌러 파라미터와 프로그램을 선택한 후 하단의 'Execute' 버튼을 눌러 PLC에 다운로드한다.

③ 앞에서 했던 실습 순서와 동일하게 전송 후 CPU를 RUN 시키고 프로그램 작성 창으로 빠져나온다.

(2) 모니터링과 기록하기

가. 프로그램 다운로드가 완료되면 모니터링을 위해 메뉴의 'Online - Monitor - Monitor Mode'를 선택하거나 키보드의 F3 키를 눌러 모니터링을 시작한다.

나. PLC 실습 장치의 DC 24V 전원 스위치를 ON 한다.

다. DMU의 Start 스위치를 ON/OFF 한다.

이때 Pump가 ON 되어 펌프가 운전하고 수조의 레벨이 상승하는지 관찰하고 기록한다.

라. 잠시 후 수조의 수위가 상승해 저수 신호가 ON 되고, 만수 신호가 ON 되면 Pump가 정지되는지 관찰하고 기록한다.

마. DMU의 Valve 스위치를 ON/OFF 한다.

이때 Valve가 ON 되어 수조의 레벨이 하강하는지 관찰하고 기록한다.

바. 배수가 진행되던 중 저수 신호가 OFF 되면 자동으로 Pump가 동작하여 수조의 레벨이 상승하는지 관찰하고 기록한다.

사. DMU의 Stop 스위치를 ON/OFF 한다.
시스템이 정지하는지 관찰하고 기록한다.

아. 반복해서 자동 양수 장치 운전 1을 시험한다.

자. 운전을 종료하기 위해서 먼저 키보드의 F2 키를 눌러 모니터링을 종료한다.

차. PLC 트레이너의 전원 스위치를 OFF 하고 결선을 해체한다.

1) 실습 목적

- 레벨 센서와 4개의 펌프를 이용한 자동 양수 장치 운전을 할 수 있다.

2) 준비물

- PLC 트레이너
- Demonstration Unit(DMU)
- 자동 양수 장치 운전 2용 그래픽 보드(GPB08)
- GX-WORKS2 소프트웨어 툴

3) 관련 이론

[그림 8-22]는 수원의 물을 펌프 모터를 이용하여 수조로 끌어올리는 실습을 할 수 있도록 구성한 보드이다.

(1) 4개의 Pump를 적절하게 제어하여 수조의 수위를 제어할 수 있도록 구성하였다.

(2) 보드 좌측과 우측에 운전에 필요한 각종 신호를 단자로 인출하여 PLC와 접속을 용이하도록 구성하였다.

(3) Demonstration Unit에 자동 양수 장치 운전 2용 그래픽 보드(DMU-GPB08)를 장착하고, 좌측 하단의 Board Select 스위치를 눌러 그래픽 보드의 중앙 상부에 GPB08 표시등이 점등되면 운전 보드와 장착된 보드가 일치하였음을 표시하는 것이다.

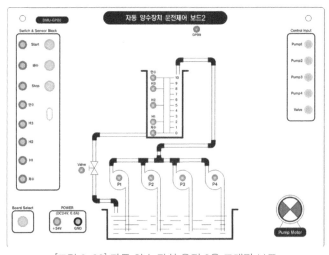

[그림 8-22] 자동 양수 장치 운전 2용 그래픽 보드

4) 입출력 리스트(I/O List)

(1) 입력 리스트(Input List)

심벌	디바이스	코멘트	내　　　용
	X0	운전_스위치	운전 스위치(GPB08의 Start 단자)
	X1	밸브_스위치	밸브 스위치(GPB08의 Valve 단자)
	X2	정지_스위치	정지 스위치(GPB08의 Stop 단자)
	X3	만수검출_센서	만수위 검출 센서 신호(GPB08의 만수 단자)
	X4	H3_검출센서	H3수위 검출 센서 신호(GPB08의 H3 단자)
	X5	H2_검출센서	H2수위 검출 센서 신호(GPB08의 H2 단자)
	X6	H1_검출센서	H1수위 검출 센서 신호(GPB08의 H1 단자)
	X7	저수검출_센서	저수위 검출 센서 신호(GPB08의 저수 단자)
DC24V	Com1, Com2		X0 ~ X17까지의 입력 Common

[표 8-22] 입력 리스트

(2) 출력 리스트(Output List)

심벌	디바이스	코멘트	내　　　용
	Y0	PUMP1_출력	Pump1 출력(GPB08의 Pump1 단자)
	Y1	PUMP2_출력	Pump2 출력(GPB08의 Pump2 단자)
	Y2	PUMP3_출력	Pump3 출력(GPB08의 Pump3 단자)
	Y3	PUMP4_출력	Pump4 출력(GPB08의 Pump4 단자)
	Y4	VALVE_출력	Valve 출력(GPB08의 Valve 단자)
DC24V	Com1		Y0 ~ Y7까지의 출력 Common

[표 8-23] 출력 리스트

5) 실습 순서

(1) 결선과 프로그래밍

가. 리드선을 사용하여 입력 리스트와 같이 결선한다. 이때 그래픽 보드에 신호 출력 레벨이 GND(0V)를 출력되므로 PLC의 입력 Common 단자에 반드시 +24V를 인가해 주어야 한다.

나. 리드선을 사용하여 출력 리스트와 같이 결선한다. 그래픽 보드에 입력 신호 레벨이 +24V 이므로 PLC의 출력Common 단자에 반드시 +24V를 인가해 주어야 한다.

다. PLC와 PC를 통신 케이블로 연결한다.

라. PC를 켜고 GX-WORKS 2를 실행한다.

마. 프로그램 작성

① 변수 리스트

자동 양수 장치 운전 2의 프로그램에 사용된 변수 리스트는 다음 [표 8-24]와 같다.

번호	변수 명	디바이스
1	운전_스위치	X0
2	밸브_스위치	X1
3	정지_스위치	X2
4	만수검출_센서	X3
5	H3_검출센서	X4
6	H2_검출센서	X5
7	H1_검출센서	X6
8	저수검출_센서	X7
9	PUMP1_출력	Y0
10	PUMP2_출력	Y1
11	PUMP3_출력	Y2
12	PUMP4_출력	Y3
13	VALVE_출력	Y4
14	시스템_운전	M0
15	PUMP1_운전	M1
16	PUMP2_운전	M2
17	PUMP3_운전	M3
18	PUMP4_운전	M4
19	만수	M5

20	밸브1	M6
21	밸브2	M7

[표 8-24] 변수 리스트

② 래더 프로그램

위의 변수 리스트를 참고로 하여 다음 [그림 8-23]의 래더 프로그램을 보고 프로그램을 작성한다.

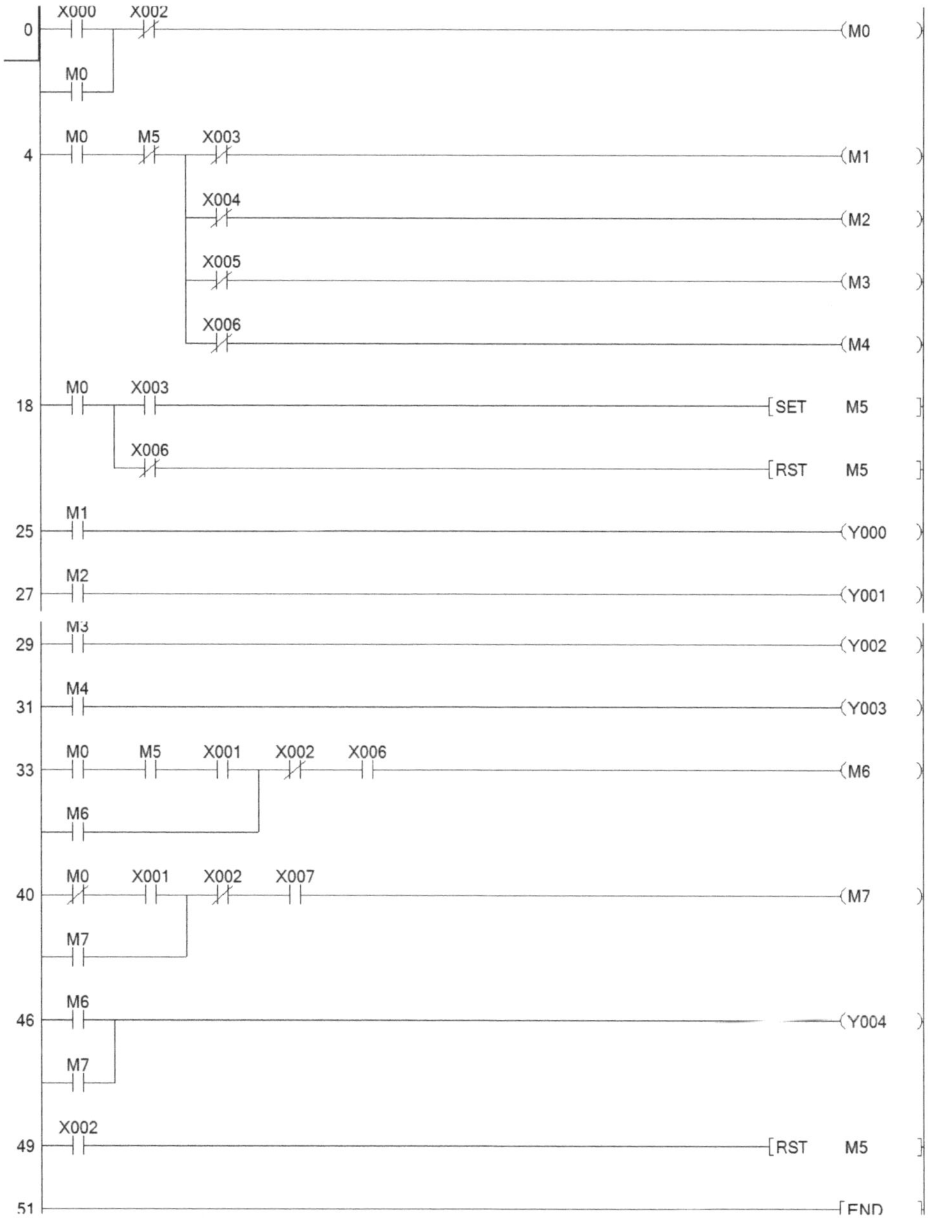

[그림 8-23] 래더 프로그램

비. 프로그램의 컴파일

[그림 8-24]와 같이 메뉴의 'Compile – Build'를 선택하거나, 키보드의 F4 키를 눌러 프로그램을 컴파일한다.

[그림 8-24] 프로그램 컴파일

사. 프로그램 전송

① 프로그램을 전송하기 전에 PC와 PLC의 통신 케이블 연결 상태를 다시 한번 확인한다.

② 메뉴의 'Online - Write to PLC…'를 선택하거나 도구 모음의 🖳 아이콘을 클릭하면 Online Data Operation 창이 나타난다. 'Parameter + Program' 버튼을 눌러 파라미터와 프로그램을 선택한 후 하단의 'Execute' 버튼을 눌러 PLC에 다운로드한다.

③ 앞에서 했던 실습 순서와 동일하게 전송 후 CPU를 RUN 시키고 프로그램 작성 창으로 빠져나온다.

(2) 모니터링과 기록하기

가. 프로그램 다운로드가 완료되면 모니터링을 위해 메뉴의 'Online - Monitor - Monitor Mode'를 선택하거나 키보드의 F3 키를 눌러 모니터링을 시작한다.

나. PLC 실습 장치의 DC 24V 전원 스위치를 ON 한다.

다. DMU의 Start 스위치를 ON/OFF 한다.

　　Pump 1, Pump 2, Pump 3, Pump 4가 동시에 ON 되는지 관찰하고 기록한다.

라. 잠시 후 수조의 레벨이 올라가 저수 신호, H1 신호, H2 신호, H3 신호가 검출되면 Pump 4, Pump 3, Pump 2의 순서로 OFF 되는지 관찰하고 기록한다.

마. 수조의 만수 신호가 ON 되면 Pump 1마저 OFF 되는지 관찰하고 기록한다.

바. DMU의 Valve 스위치를 ON/OFF 한다.

　　Valve가 ON 되어 수조의 레벨이 내려가는 WL를 관찰하고 기록한다.

사. 수조의 수위가 내려가 H1 신호가 OFF 되면 Pump 1, Pump 2, Pump 3이 ON 되어 수조의 레벨이 다시 올라가는지 관찰하고 기록한다.

아. 반복해서 자동 양수 장치 운전 2를 시험한다.

자. 운전을 종료하기 위해서 먼저 키보드의 F2 키를 눌러 모니터링을 종료한다.

차. PLC 트레이너의 전원 스위치를 OFF 하고 결선을 해체한다.

(3) 검토 및 고찰

- 위 실습에서와 같이 Pump를 다단계로 제어하는 이유에 대해 설명한다.

실습 9. 1축 위치 제어 운전 실습

1) 실습 목적
- DC Motor를 이용한 1축 위치 제어 운전을 할 수 있다.

2) 준비물
- PLC 트레이너
- Demonstration Unit(DMU)
- 1축 위치 제어 운전용 그래픽 보드(GPB09)
- GX-WORKS 2 소프트웨어 툴

3) 관련 이론
[그림 8-25]는 1축 위치 제어를 실습할 수 있는 보드이다.

(1) Pos.1~Pos.5의 위치를 PLC Program으로 제어할 수 있도록 구성한 Graphic Board이다.

(2) 보드 좌측과 우측에 운전에 필요한 각종 신호를 단자로 인출하여 PLC와 접속을 용이하도록 구성하였다.

(3) Demonstration Unit에 1축 위치 제어 운전용 그래픽 보드(DMU-GPB09)를 장착하고, 좌측 하단의 Board Select 스위치를 눌러 그래픽 보드의 중앙 상부에 GPB09 표시등이 점등되면 운전 보드와 장착된 보드가 일치하였음을 표시하는 것이다.

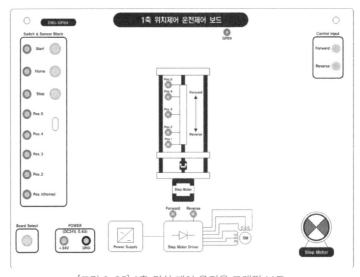

[그림 8-25] 1축 위치 제어 운전용 그래픽 보드

4) 입출력 리스트(I/O List)

(1) 입력 리스트(Input List)

심벌	디바이스	코멘트	내용
	X0	운전_스위치	운전 스위치(GPB09의 Start 단자)
	X1	정지_스위치	정지 스위치(GPB09의 Stop 단자)
	X2	원점복귀_스위치	원점복귀 스위치(GPB09의 원점복귀 단자)
	X3	Pos5_센서	Position5 검출 센서(GPB09의 Pos.5 단자)
	X4	Pos4_센서	Position4 검출 센서(GPB09의 Pos.4 단자)
	X5	Pos3_센서	Position3 검출 센서(GPB09의 Pos.3 단자)
	X6	Pos2_센서	Position2 검출 센서(GPB09의 Pos.2 단자)
	X7	Pos1_센서	Position1 검출 센서(GPB09의 Pos.1 단자)
	X10	위치1_스위치	Position1 지령 스위치(PLC Trainer의 Switch Block)
	X11	위치2_스위치	Position2 지령 스위치(PLC Trainer의 Switch Block)
	X12	위치3_스위치	Position3 지령 스위치(PLC Trainer의 Switch Block)
	X13	위치4_스위치	Position4 지령 스위치(PLC Trainer의 Switch Block)
	X14	위치5_스위치	Position5 지령 스위치(PLC Trainer의 Switch Block)
DC24V	Com1, Com2		X0 ~ X17까지의 입력 Common

[표 8-25] 입력 리스트

(2) 출력 리스트(Output List)

심벌	디바이스	코멘트	내용
	Y0	전진_출력	전진 출력(GPB09의 Forward 단자)
	Y1	후진_출력	후진 출력(GPB09의 Revers 단자)
DC24V	Com1		Y0 ~ Y7까지의 출력 Common

[표 8-26] 출력 리스트

5) 실습 순서

(1) 결선과 프로그래밍

가. 리드선을 사용하여 입력 리스트와 같이 결선한다. 이때 그래픽 보드에 신호 출력 레벨이 GND(0V)를 출력되므로 PLC의 입력 Common 단자에 반드시 +24V를 인가해 주어야 한다.

나. 리드선을 사용하여 출력 리스트와 같이 결선한다. 그래픽 보드에 입력 신호 레벨이 +24V

이므로 PLC의 출력Common 단자에 반드시 +24V를 인가해 주어야 한다.

다. PLC와 PC를 통신 케이블로 연결한다.

라. PC를 켜고 GX-WORKS 2를 실행한다.

마. 프로그램 작성

① 변수 리스트

1축 위치 제어 운전 프로그램에 사용된 변수 리스트는 다음 [표 8-27]과 같다.

번호	변수 명	디바이스
1	운전_스위치	X0
2	정지_스위치	X1
3	원점복귀_스위치	X2
4	Pos5_센서	X3
5	Pos4_센서	X4
6	Pos3_센서	X5
7	Pos2_센서	X6
8	Pos1_센서	X7
9	위치1_스위치	X10
10	위치2_스위치	X11
11	위치3_스위치	X12
12	위치4_스위치	X13
13	위치5_스위치	X14
14	전진_출력	Y0
15	후진_출력	Y1
16	시스템_운전	M0
17	MCS0	M1
18	원점 복귀	M2
19	설정 완료	M3
20	전진	M4
21	후진	M5
22	정지	M6
23	운전 중	M7
24	설정 위치	M10
25	현재 위치	M20

[표 8-27] 변수 리스트

② 래더 프로그램

위의 변수 리스트를 참고로 하여 [그림 8-26]의 래더 프로그램을 보고 프로그램을 작성한다.

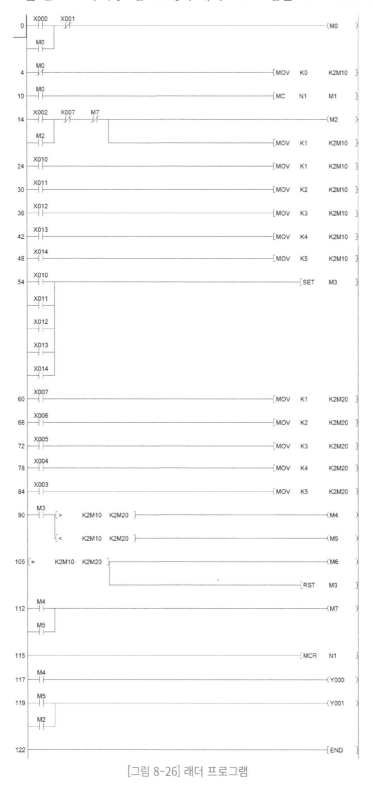

[그림 8-26] 래더 프로그램

바. 프로그램의 컴파일

[그림 8-27]과 같이 메뉴의 'Compile - Build'를 선택하거나 키보드의 F4 키를 눌러 프로그램을 컴파일한다.

[그림 8-27] 프로그램 컴파일

사. 프로그램 전송

① 프로그램을 전송하기 전에 PC와 PLC의 통신 케이블 연결 상태를 다시 한번 확인한다.

② 메뉴의 'Online - Write to PLC...'를 선택하거나 도구 모음의 ![] 아이콘을 클릭하면 Online Data Operation 창이 나타난다. 'Parameter + Program' 버튼을 눌러 파라미터와 프로그램을 선택한 후 하단의 'Execute' 버튼을 눌러 PLC에 다운로드한다.

③ 앞에서 했던 실습 순서와 동일하게 전송 후 CPU를 RUN 시키고 프로그램 작성 창으로 빠져나온다.

(2) 모니터링과 기록하기

가. 프로그램 다운로드가 완료되면 모니터링을 위해 메뉴의 'Online - Monitor - Monitor Mode'를 선택하거나 키보드의 F3 키를 눌러 모니터링을 시작한다.

나. PLC 실습 장치의 DC 24V 전원 스위치를 ON 한다.

다. DMU의 Start 스위치를 ON/OFF 한다.

라. PLC Trainer의 위치2_스위치(X09)를 ON/OFF 한다.

이때 기구가 전진하여 Pos2_센서(X6)가 ON 되면 정지하는지 관찰하고 기록한다.

마. PLC Trainer의 위치3_스위치(X0A)를 ON/OFF 한다.

이때 기구가 전진하여 Pos3_센서(X5)가 ON 되면 정지하는지 관찰하고 기록한다.

바. PLC Trainer의 위치4_스위치(X0B)를 ON/OFF 한다.

이때 기구가 전진하여 Pos4_센서(X4)가 ON 되면 정지하는지 관찰하고 기록한다.

사. PLC Trainer의 위치5_스위치(X0C)를 ON/OFF 한다.

이때 기구가 전진하여 Pos5_센서(X3)가 ON 되면 정지하는지 관찰하고 기록한다.

아. PLC Trainer의 위치3_스위치(X0A)를 ON/OFF 한다.

이때 기구가 후진하여 Pos3_센서(X5)가 ON 되면 정지하는지 관찰하고 기록한다.

자. PLC Trainer의 위치2_스위치(X09)를 ON/OFF 한다.

이때 기구가 후진하여 Pos2_센서(X6)가 ON 되면 정지하는지 관찰하고 기록한다.

차. DMU의 원점 복귀_스위치(X02)를 ON/OFF 한다.

기구가 초기 위치로 이동하는지 확인한다.

카. 반복해서 1축 위치 제어 운전을 시험한다.

타. 운전을 종료하기 위해서 먼저 키보드의 F2 키를 눌러 모니터링을 종료한다.

(3) 검토 및 고찰하기

가. 위 회로를 동작시켜 보고 전체적인 동작 내용을 기록한다.

나. 실습이 끝나면 모든 전원 스위치를 OFF 하고 정리 정돈 한다.

참고 문헌

· 멜섹(MELSEC) PLC 제어 기초실습, 정용섭외, 광문각, 2019

· 기초부터 시작하는 PLC 멜섹 Q, 정완보, 한빛 아카데미, 2017

· MELSEC 사용자 중심 PLC강의, 이모세, 일진사, 2023

· GLOFA GM4 중심 PLC의 제어, 엄기찬외, 북스힐, 2015

· PLC제어 생산자동화산업기사, 조철수외, 구민사, 2021

쉽게 배우는
멜섹(MELSEC) FX 기반

PLC제어 실습

2024년	7월 17일	1판	1쇄	인 쇄
2024년	7월 26일	1판	1쇄	발 행

지 은 이 : 김진우, 이창민, 김경신 공저

펴 낸 이 : 박   정   태

펴 낸 곳 : **광   문   각**

10881
경기도 파주시 파주출판문화도시 광인사길 161
광문각 B/D 4층
등   록 : 1991. 5. 31 제12-484호
전 화(代): 031-955-8787
팩   스 : 031-955-3730
E - m a i l : kwangmk7@hanmail.net
홈페이지 : www.kwangmoonkag.co.kr

ISBN : 979-11-93965-05-4   93560

값 : 19,000원

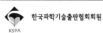
한국과학기술출판협회회원